超级电容器电极材料研究
锰/钴/镍基电极材料

庞明俊 / 著

Research on Electrode Materials for Supercapacitors:
manganese / cobalt / nickel based electrode materials

化学工业出版社
· 北京 ·

内容简介

本书以开发锰/钴/镍基金属氧化物、硫化物和磷化物高效储能材料为主题，系统概述了各类储能电极材料在超级电容器领域的应用与研究进展，并详细介绍了作者近些年在超级电容器电极材料研究方面的代表性工作，具体涵盖了锰/钴/镍基金属氧化物、硫化物和磷化物材料的合成、结构与性能关系以及在储能系统中的实际应用。

本书可供从事超级电容器储能方面的专业技术人员、高校涉及新能源专业的本科生和研究生参考学习。

图书在版编目（CIP）数据

超级电容器电极材料研究：锰/钴/镍基电极材料 / 庞明俊著. —北京：化学工业出版社，2024.7
ISBN 978-7-122-45589-5

Ⅰ.①超… Ⅱ.①庞… Ⅲ.①电容器-电极-材料-研究 Ⅳ.①TM53

中国国家版本馆 CIP 数据核字（2024）第 091182 号

责任编辑：李晓红　　　　　　　　装帧设计：刘丽华
责任校对：宋　玮

出版发行：化学工业出版社
（北京市东城区青年湖南街 13 号　邮政编码 100011）
印　　装：北京科印技术咨询服务有限公司数码印刷分部
710mm×1000mm　1/16　印张 9½　字数 153 千字
2024 年 7 月北京第 1 版第 1 次印刷

购书咨询：010-64518888　　　　　售后服务：010-64518899
网　　址：http://www.cip.com.cn
凡购买本书，如有缺损质量问题，本社销售中心负责调换。

定　　价：88.00 元　　　　　　　　版权所有　违者必究

前　言

随着全球对可持续能源发展的日益关注，能源储存技术在能源高效利用方面发挥着至关重要的作用。超级电容器作为一种新型储能技术，具有功率高、免维护、寿命长等优异性能，成为学术界和产业界关注的热点。而电极材料作为超级电容器的核心组成部分，其性能的优劣直接决定了超级电容器的储能性能。

根据储能和转化机理，现有电极材料可分为三类：双电层电容材料、赝电容或电池型材料以及由双电层电容材料和活性材料组成的复合材料。与双电层电容材料的高倍率能力和循环稳定性相比，赝电容或电池型电极材料，包括各种导电聚合物、过渡金属氢氧化物、氧化物、硫化物、氮化物和磷化物，具有较高的比容量和能量密度。近年来，锰/钴/镍基金属氧化物、硫化物和磷化物储能材料因其具有高比容量、长循环寿命、低内阻等优点，逐渐成为超级电容器电极材料的研究热点。然而，该类材料在制备、改性、应用等方面仍存在诸多挑战和问题，亟待深入研究和探讨。

笔者从 2011 年始在吉林大学新型电池物理与技术教育部重点实验室从事超级电容器储能技术研究，十多年来一直从事锰/钴/镍基电极材料的制备、结构表征与性能研究，取得了一些创新性的研究成果，希望能够将自己在这方面的工作成果和经验体会总结出来，为从事超级电容器研究的学者和同行提供有益的参考和指导，进而推动锰/钴/镍基电极材料在超级电容器领域的发展和应用。

本书基于笔者的科研成果及国内外的相关研究进展撰写而成，以开发锰/钴/镍基金属氧化物、硫化物和磷化物高效储能材料为主题，简要介绍了目前超级电容器电极材料的研究现状和储能机制，系统介绍了锰/钴/镍基金属氧化物、硫化物和磷化物储能材料在超级电容器领域的应用与研究进展，重点对石墨烯/无定形 $\alpha\text{-}MnO_2$ 复合材料、分级 $\delta\text{-}MnO_2$ 纳米片电极材料、氧化钴纳米材料、钴酸镍纳米电极材料、钴镍双金属氧化物、钴镍双金属磷硫化物、钴镍双金属硫化物和钴镍双金属磷化物纳米材料的制备、结构与性能的关系以及电极储能性能及器件性能进行了详细的介绍，希望可以为读者提供更多的借鉴和参考。

本书得到了山西省自然科学基金项目（20210302124491，20210302123341）、山西省高等学校科技创新项目（201802097，2019L0745）、大同市重点研发计划项目（2023003）和山西大同大学博士科研启动基金项目（2016-B-14，2016-B-20）等的资助，也得到了山西大同大学煤基生态碳汇技术教育部工程研究中心等科研平台的大力支持。

衷心感谢我的导师纪媛教授，在科研过程中她给予了我无私的指导和帮助，为我提供了宝贵的学术资源和建议，这为本书的形成起到决定性的作用。同时，蒋尚副教授为本书的完成给予了极大的鼓励和支持。研究生何文秀、毛苗苗、庞敏、张如霞、宋兆阳、武志宇和焦玉琳等人在相关文献资料的整理和文字编排方面作出了很大贡献，这些工作为本书主要内容的形成奠定了坚实的基础。另外，本书的编写得到了化学工业出版社的大力支持。在此一并致以衷心的感谢。

尽管我们已经尽力确保本书内容的准确性和完整性，但是由于水平所限，书中不当之处在所难免。欢迎读者提出宝贵的意见和建议，以便我们不断改进和完善。

庞明俊
2024 年 6 月

目 录

第1章 绪论 / 001

    1.1 引言 / 001

    1.2 超级电容器简介 / 002

        1.2.1 超级电容器的优缺点及常见的单体 / 002

        1.2.2 超级电容器的组成 / 005

        1.2.3 超级电容器的储能原理 / 007

    1.3 超级电容器电极材料的电化学性能测试 / 010

        1.3.1 比容量 / 010

        1.3.2 倍率 / 014

        1.3.3 能量密度和功率密度 / 014

        1.3.4 循环性能 / 015

        1.3.5 内阻 / 015

    1.4 超级电容器电极材料 / 017

        1.4.1 碳基材料 / 017

        1.4.2 导电聚合物材料 / 018

        1.4.3 过渡金属氧化物及其衍生物电极材料 / 019

    1.5 材料表征设备 / 033

    参考文献 / 034

第2章 石墨烯/无定形 α-MnO_2 复合电极材料 / 045

    2.1 引言 / 045

    2.2 电极材料的制备 / 046

        2.2.1 石墨烯（GNS）的合成 / 046

        2.2.2 GNS/α-MnO_2复合材料共沉淀合成 / 047

    2.3 电极片的制备 / 047

    2.4 材料的表征 / 048

        2.4.1 晶相结构表征 / 048

        2.4.2 形貌表征 / 049

    2.5 电化学性能测试 / 054

    参考文献 / 058

第3章 分级 δ-MnO_2纳米片 / 062

    3.1 引言 / 062

    3.2 δ-MnO_2纳米片的原位生长 / 063

3.3 反应温度对 MnNF 电极材料生长的影响　/064
3.4 MnNF 电极材料的生长机理　/066
3.5 MnNF 电极材料的结构表征　/067
3.6 MnNF 电极电化学性能测试　/070
　　3.6.1 循环伏安测试　/070
　　3.6.2 恒流充放电测试　/072
　　3.6.3 电化学阻抗测试　/073
参考文献　/075

第 4 章　CoO/Co_3O_4 纳米复合材料　/078

4.1 引言　/078
4.2 CoO/Co_3O_4 复合材料的制备　/079
4.3 CoO/Co_3O_4 复合材料的表征　/079
　　4.3.1 晶相结构表征　/079
　　4.3.2 形貌表征　/081
4.4 CoO/Co_3O_4 电极材料的电化学性能测试　/085
　　4.4.1 三电极体系测试　/085
　　4.4.2 两电极体系测试　/091
参考文献　/093

第 5 章　高比表面积的介孔 $NiCo_2O_4$ 纳米球　/097

5.1 引言　/097
5.2 $NiCo_2O_4$ 纳米球的典型合成方法　/099
5.3 $NiCo_2O_4$ 纳米材料的表征　/099
5.4 $NiCo_2O_4$ 纳米材料的电化学性能测试　/104
　　5.4.1 三电极体系测试　/104
　　5.4.2 非对称电容器性能　/109
参考文献　/113

第 6 章　磷硫化钴镍双金属纳米材料　/116

6.1 引言　/116
6.2 材料制备　/118
　　6.2.1 CoNi-OH 纳米前驱体的制备　/118
　　6.2.2 $S-P-Co_xNi_y$ 纳米材料电极的制备　/119
　　6.2.3 $S-P-Co_xNi_y$ ‖活性炭非对称电容器的组装　/119
6.3 $S-P-Co_xNi_y$ 纳米材料的表征　/121
6.4 $S-P-Co_xNi_y$ 纳米材料储能性能　/127
　　6.4.1 三电极体系测试　/127
　　6.4.2 非对称电容器性能　/137
参考文献　/142

第1章
绪　论

1.1 引言

由于全球经济的快速发展和人口的急剧增长，对便捷式电子设备的需求、混合动力电动汽车的发展以及全球的能源消耗都以惊人的速度加速发展。以当前的发展速度来看，能源枯竭是不可避免的[1,2]。据报道，到21世纪中叶，能源需求将会是现在需求量的两倍，到2100年，能源需求量相比目前将上升三倍之多[3]。因此，我们不仅对清洁、可再生、可持续发展的替代能源（太阳能、风能和潮汐能）有着迫切的需求，而且，先进的、低成本的以及环境友好的能源转换和能源储备装置的发展才能满足现代社会的需要并解决新兴的生态问题[4]。

在多种多样的储能装置中，不同规格的电池[5]由于出色的性能被广泛地使用和研究。基于特定的电池化学物质，电池可以是再充电的也可以是不可再充电的，但它们都是通过阳极和阴极的氧化还原反应将化学能转化成电能。可再充电的电池可以在特定的时间完成充电实现能源的转换[6]。自20世纪初以来，电池日益植根于我们的日常生活，然而，电池仍有一些未能克服的缺点，从而不能满足我们的全部需求[7,8]。比如：①较低的功率密度。这个问题严重阻碍了电池在快充快放设备上的使用。②生热性。电池在工作时通过氧化还原反应会产生较多的焦耳热和化学反应热，如果电池本身不能进行有效的散热，将会导致机器灼烧和热失控，严重时将导致失火。③有限的循环寿命。在电池的充放电过程中缺乏可逆的氧化还原反应，从而限制了电池的长时间使用[9]。

根据上述一系列问题，单个电池尚不足以提供完整的电力储备。因此，耐用、安全且具有高功率/能量性能的蓄电装置无疑将改变电能的产生、分配、使用等[10]。此外，如果消费者、工业以及军事上需要更可靠的电力系统，这些蓄电装置的发展也是该地区的主要推动力之一。一种新型储能元件——超级电容器顺应时代发展的要求，引起了世界范围内极大的关注。近些年笔者围绕超级电容器的电极材料开展了一系列研究工作[11]。

1.2 超级电容器简介

超级电容器（supercapacitor），也被称为电化学电容器（electrochemical capacitor）[12]，是介于传统电容器与电池之间的一种顺应时代发展的新型储能器件。最早的超级电容器模型是在1957年提出的[13]，然而直到1990年，在混合动力汽车领域，超级电容器才引起人们的关注[14]。基于电池或燃料电池的混合动力汽车，超级电容器的主要功能是在加速和紧急制动时提供必要的功率[15]。随着进一步的发展，超级电容器作为重要的备用电源，可以防止电力中断同时补充能量储存[16]。

1.2.1 超级电容器的优缺点及常见的单体

与传统的静电容器相比，超级电容器在原理上并无太大区别。同样都满足电容大小与正对面积成正比，与两极板间的距离成反比的规律。但是超级电容器之所以"超级"是因为商业中以多孔活性炭为电极材料，其表面积迅速增大，且两极板间的距离仅为相关离子半径，一般介于2~10 Å（0.2~1.0 nm）[17]。这两个绝对的优势使得超级电容器的存储能力远优于传统的静电容器。图1.1是超级电容器以及其他一些重要的储能装置的能量比较图，从图中可以看出超级电容器有以下优点：

① 快速进行完全的充放电。因为超级电容器在反应过程中不涉及不可逆的化学反应，而且本身内阻小，所以可采用大电流进行充电、放电，一般几十秒甚至几秒就可完成充电、放电[18]。

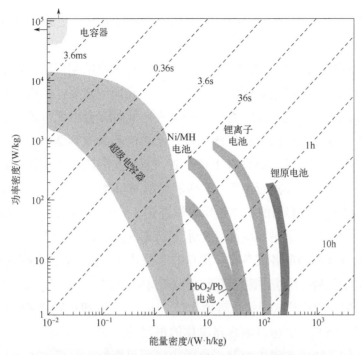

图1.1 超级电容器以及其他储能装置的能量功率比较图

② 高功率密度。超级电容器的大电流快充的性质也决定了其拥有极高的功率密度，一般可达 10^4 W/kg，是电池的 10～100 倍[13,19]。

③ 循环寿命长。不论是哪种类型的超级电容器（双电层或者法拉第），其充放电过程快速而且可逆，所以对材料的结构不产生影响，因此超级电容器的循环寿命超长，循环次数一般可达 10^5 左右[20]。

当然除了图中这些显而易见的优点外，超级电容器还有其他优点，比如：工作温度范围宽，超级电容器可以在-40～70 ℃下运行[2,21]；超高的电容量，目前超级电容器的单体可达上千法拉甚至上万法拉（中国南车，CSR），这相对于常规的静电容器而言，电容量提高了千倍；此外，超级电容器所用的电极材料也是安全无毒的，而铅酸电池、镍镉蓄电池所用的电极材料均有毒性，所以超级电容器是一种环境友好的绿色储能元件[22]。

既然超级电容器具有上述那么多优点，那么至今为止其为什么不能成为储能的主力电源，而是多数被用作备用电源呢？因为除了上述优点以外，超级电容器也面临着一些问题，主要表现在：

① 能量密度偏低。也就是说无法实现设备的长时间运转、车辆的长时间

行驶等目的，所以在一些需要高能量输出的应用领域，超级电容器难有一席之地[23]。

② 自放电现象严重。在温度恒定时，通常充满电的超级电容器的自放电速度要比其他化学电源迅速。因为超级电容器在充满电之后，其内部某些地方会发生法拉第过程，该过程伴随着电子的交换，此时便会出现自放电现象。

③超级电容器单体的工作电压较低。水系的超级电容器的工作电压受制于水的分解电压，所以其一般只有1 V左右，想要实现较高的工作电压需要对多个水系超级电容器单体进行串联，这样的话就对单体的统一性要求较高，目前，虽然非水系的超级电容器的工作电压可以高达3.5 V[24]，但是非水系超级电容器使用的电解液则需要满足纯度高、无水等苛刻的条件。

超级电容器的种类各式各样，常见的有叠片式、纽扣式、双极式和卷绕式。图1.2显示的是各种不同类型的超级电容器单体，其中，（a）和（b）是本实验室中试生产线制备的叠片式超级电容器单体，（a）中的超级电容器单体的电容可达3500 F左右，（b）中的超级电容器单体的电容可达300 F左右。（c）和（d）是市场中常见的卷绕式超级电容器，这类电容器可容纳大面积的电极从而实现高容量，虽然技术较为成熟，但是本身封装密度低，多个串联一起会占有较大的空间，难以实现小空间、高工作电压。（e）是基础科研常常制备的纽扣式超级电容器，也常常被叫做硬币型电容器。很明显，这类电容器整体体积偏小，所以难以容纳大面积的电极片，但是其结构和形状便于多个单体串联使用并获取较高的电压，考虑到这个优势，本书中所涉实验均采用纽扣式电容器单元作为两电极的研究对象。

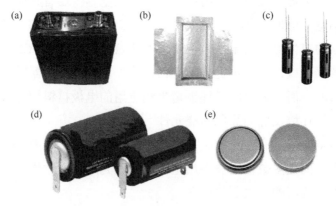

图1.2　各种不同类型的超级电容器单体

1.2.2 超级电容器的组成

超级电容器的内部组成结构主要包括集流体、电极材料、电解液和隔膜等（见图1.3），外部主要是封装的外壳材料，常见的包括软包的铝塑膜和硬包的铝质外壳。对于超级电容器来说，电极材料一般是由活性物质、导电剂和黏结剂三部分组成[25]。而电极材料是电荷存储的载体，所以电极材料是直接影响超级电容器储能的主要性能指标。导电剂可以加速电子的移动速率，降低活性物质的内阻，从而降低超级电容器的内阻，实现快速、完全的充放电。目前常用的导电剂有乙炔黑、Super-P、炭黑（科琴黑）以及石墨烯等。黏结剂又称为黏合剂，其主要作用是实现电极材料与集流体之间的相互黏结，防止其脱落。目前超级电容器用到的黏结剂主要有聚乙烯醇、聚四氟乙烯、聚偏四氟乙烯等[26]。本文研究使用的黏结剂均为质量分数为60%的聚四氟乙烯乳液。

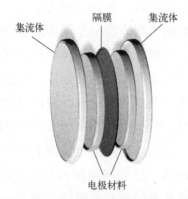

图1.3 超级电容器的内部组成结构示意图

超级电容器的集流体，顾名思义就是承载电极材料并且汇集电流，对集流体的要求是电阻低并且相对电极材料和电解液较稳定，常见的有不锈钢网[27]、泡沫镍[28]、铜箔、铝箔[29]等。针对不同的电解液所用的集流体也有所不同。商业中常用的有机电解液中通常会用铝箔、铜箔作为集流体，酸性电解液中一般会用不锈钢网，而碱性电解液中泡沫镍的使用居多。

电解液对电容器的性能具有十分重要的影响，不论是电解液的分解电压、电导率还是电解液的使用温度，都直接影响着超级电容器的使用范围。虽然电解液的使用因电极材料的不同而不同，但是对电解液的总体要求是：①高电导率，电导率高的电解液可以降低超级电容器的内阻，提高功率性能；②良好的浸润性；③对集流体、封装外壳等腐蚀性低，可延长超级电容器的使用寿命；④环境友好、资源丰富[2]。超级电容器的工作电解液分为固态电解质和液态电解液，液态电解液又分为水系电解液和非水系电解液。水系电解液的离子电导率较高、成本较低、安全性高，在空气中就可使用。一般水系电解液分为碱性、酸性和中性三种，常用的碱性电解液主要是不同浓度的 KOH 溶液，NaOH、LiOH 也使用较多；酸性电解液主要集中在不同浓度的 H_2SO_4 溶液，离子电导率为 1 S/cm；常用的中性电解液有 Na_2SO_4、K_2SO_4、$NaNO_3$ 等水溶液。又因为水的分解电压是 1.23 V，所以水系电解液的额定工作电压范围窄，不利于实现超级电容器的高能量密度[12,30]。非水系电解液是指有机系电解液，其主要是由溶质和溶剂两部分组成，常用的溶剂是乙腈、碳酸乙烯酯（EC）、碳酸丙烯酯（PC）、N,N-二甲基甲酰胺（DMF）、碳酸甲乙酯（EMC）、碳酸二甲酯（DMC）、碳酸二乙酯（DEC）等，常见的溶质有高氯酸锂（$LiClO_4$）、四乙基四氟硼酸铵（季铵盐）等。有机系电解液的电势窗口一般在 2~3 V，理论值最高可达 5 V，这是有机系电解液优于水系电解液的一个重要原因[31]。但是无论是水系电解液还是有机系电解液，在封装时都不可避免地出现了漏液的问题，而且两者的溶剂容易挥发，工作温度范围窄，封装困难，这也就在某些领域限制了液态电解液的使用。基于液态电解液的缺点，目前固态电解质由于无泄漏、电势窗口宽、可实现薄型等优点而备受青睐[32,33]。常见的固态电解质有凝胶电解质和固态聚合物电解质。凝胶电解质的电导率和有机电解液相差不大，可达 10^{-3} S/cm，循环效率也超高，这使得超级电容器向着超薄化、小型化方向发展成为可能。而室温下大多数的聚合物电解质的电导率较低，电解液与电极之间的接触较差，因此研究和开发适合超级电容器的固态电解质是一项长期艰巨的任务[34,35]。

超级电容器隔膜的作用：①避免超级电容器的两个电极直接接触造成短路；②离子导通，电子阻塞，从而形成电源电动势；③吸附储存电解液[36]。一般使用的隔膜需要满足以下条件：①化学稳定好，即不容易与电解液、电极材料等发生反应；②吸液、保液性良好；③较高的孔隙率和较低的电阻；④机械强度高，具有一定的韧性；⑤组织成分均匀，平整，厚度一致，无机械杂质。根据隔膜在电解液的浸润性可以将隔膜分为水系隔膜和有机系隔膜。目前电容器常用的隔膜材料有聚丙烯膜、隔膜纸、无纺布、高分子半透膜等[37]。

1.2.3 超级电容器的储能原理

根据存储能量的机制不同,超级电容器主要可以分为三种类型,分别是双电层电容器(electric double layer capacitor,EDLC)、赝电容器(pseudocapacitor)和混合超级电容器(hybrid supercapacitor)[38]。而根据使用的电极材料不同,可以分为碳基超级电容器、金属氧化物和导电聚合物超级电容器。

(1) 双电层电容器的储能原理

双电层电容器的储能机制是静电存储,它主要是指在电极表面和电解液之间形成的界面双电层从而实现能量的储存,在电极的充放电过程不发生化学反应。由于有限的电荷存储区域和两个带电极板之间距离的几何约束,传统的电容器储能较少,而双电层电容器不仅拥有较大的界面面积而且两带电极板间的距离为原子直径的量级,所以双电层电容器可以存储更多的能量[39]。

双电层的概念最早是由19世纪德国的物理学家Helmholtz提出的,后又经Gouy和Chapman做进一步的补充和修改,引入了扩散层,但这种模型最终对双电层电容有过高的评价。最后Stern通过结合Helmholtz模型和Gouy-Chapman模型明确地区分了离子的扩散层,分别叫做Stern层和扩散层[20,40]。这种Gouy-Chapman-Stern模型也较多地被研究者用来研究双电层的详细结构。

图1.4是双电层电容器的工作原理图[41]。当给电容器充电时,正极板带有正电荷,负极板带有负电荷,此时电解液中产生稳定的电场,电解液中的正负离子在这个电场的作用力下分别向负、正极板移动,从而在各个电极板与电解液接触的界面上形成了两层紧密的正负电荷层,距离为纳米级的正负电荷层之间产生电势差,而这两层电荷层被叫做双电层[42]。当电容器放电时,电极上的电荷通过负载从负极移至正极,电解液中的正、负离子无规则迁移致使溶液呈

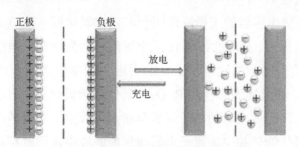

图1.4 双电层电容器工作原理示意图

电中性,这就是双电层电容器完整的充放电过程[13,43]。由于双电层电容器在充放电过程中只是电荷的吸脱附作用,所以整个过程电解液不会分解失效,其浓度也保持不变,性能稳定,循环寿命长[44]。

根据双电层原理,可以把每一个电极看成是一个独立的电容器,将正负电极的电容分别记为 $C_{正}$、$C_{负}$,双电层电容器可以看成是这两个独立电容器的串联,总电容 $C_{总}$ 可以通过下式进行计算:

$$\frac{1}{C_{总}} = \frac{1}{C_{正}} + \frac{1}{C_{负}}$$

对于对称的电容器来说,正极和负极是相同的,所以

$$C_{正} = C_{负}, C_{总} = \frac{C_{正}}{2} = \frac{C_{负}}{2}$$

即双电层电容器的总电容是单个电极电容的 1/2[45]。

双电层电容器的能量存储主要取决于有利于离子吸附的有效的电极表面积、电极的导电性和影响电子和离子传输的孔结构,因此,高性能的双电层电容器的电极材料首选高比表面积的多孔碳材料,比如:活性炭[46]、介孔炭[47]、碳纳米管(CNT)[48]和石墨烯[49]等。虽然碳基双电层电容器拥有较高的功率密度和优异的循环性能,但是,碳材料本身的低电容特性在一定程度上限制了双电层电容器的能量密度。

(2) 赝电容器的储能原理

赝电容器也叫法拉第准电容器,最早是由 Conway 提出的,和双电层电容器不同,赝电容器主要是通过法拉第过程进行储能,也就是在电极表面或者靠近电极表面的电活性物质进行欠电位沉积,并发生快速、可逆的化学吸附脱附或者氧化还原反应[50,51]。

如图 1.5 是赝电容器的工作原理图[22],以二氧化钌(RuO_2)为例[52,53],当施加一个外加电压时,其活性物质 H^+ 从电解液扩散到电极与电解液之间的界面上并且发生如图中所示的化学反应,从而进入到集流体表面的金属氧化物即 RuO_2 的体相中,在大比表面积的 RuO_2 或其他金属氧化物中有非常多的同样的电化学反应发生,因此大量的电荷就被存储到电极中,实现了电能的存储;在放电的时候,氧化物体相中的离子重新回到电解液中,同时存储的电荷通过外电路释放出来,实现了电能的释放,这就是赝电容器完整的充放电机理[4]。

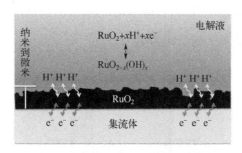

图 1.5　赝电容器工作原理示意图

由于赝电容器的电容主要取决于在电极表面或近电极表面产生法拉第电荷，所以使用在短时间内具有高电荷生成和存储能力的电极材料对赝电容器来说至关重要。运用最广泛的赝电容电极材料主要包括：过渡金属氧/氢氧化物和导电聚合物。常见的过渡金属氧/氢氧化物有 RuO_2、MnO_2[54,55]、Co_3O_4、NiO[56]、MoO[57]、Fe_2O_3[58]、$Ni(OH)_2$ 和 $Co(OH)_2$；导电聚合物[59-61]有聚苯胺（PANI）、聚吡咯（PPy）和聚噻吩（PTh）。导电高分子聚合物是利用在分子链中发生快速可逆的 p 型/n 型掺杂和去掺杂的氧化-还原反应进行储能。与双电层电容器相比较，赝电容器可以提供更高的比容量和能量密度，但美中不足的是其较低的倍率性能和循环性能[2]。

(3) 混合超级电容器

虽然双电层电容器和赝电容器的功率密度较高，能量密度也远大于传统的物理电容器，但是与锂离子电池和镍氢电池等相比，其能量密度还是很低。为了解决这个问题，近来很多研究都集中在提高电容器的电容和工作电压上，而较为有效的方法是开发混合动力电池组合，即非对称电容器[36,37]。根据正负电极反应的机理是否相同，可以把超级电容器分为对称电容器和非对称电容器。其中，正负电极材料储能机理相同或相似的被称为对称电容器；而一个电极材料的储能机理主要是利用双电层机理，另一个电极材料的储能机理主要是赝电容器的反应机理，这样组成的电容器被称为非对称电容器。非对称电容器最早是于 20 世纪 90 年代研发成功的，它结合了双电层电容器和赝电容器的双重特性，其性能也远优于双电层电容器。

目前还有另外一种电容器也被叫做非对称电容器，其反应机理如图 1.6 所示[62]，一个电极通过双电层机理储能，而另一个电极则采用锂/钠离子电池的储能机理，即锂/钠离子嵌入/脱出化合物并发生化学反应实现能量的转化。这种电容器也被叫做锂/钠离子超级电容器[63]。

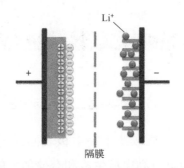

图1.6　锂离子电容器工作原理示意图

1.3　超级电容器电极材料的电化学性能测试

电极材料的本征性质不仅决定了超级电容器的电容量，也反映了其存储电荷的能力。电极材料的电化学性能参数一般包括比容量、比功率、比能量、倍率、循环性能和内阻等方面，涉及的主要电化学测试包括循环伏安特性曲线测试、恒流充放电测试和电化学阻抗图谱的测试。本文的电化学性能测试是在如图1.7所示的IVIUM电化学工作站和蓝电测试系统下完成的[64]。下面将逐一介绍这些电化学性能的测试方法和原理。

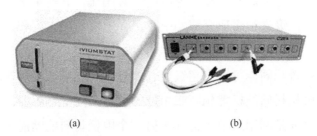

图1.7　IVIUM 电化学工作站（a）和蓝电测试仪（b）

1.3.1　比容量

本文中的比容量是指质量比容量，即超级电容器单位质量下的电容值，单位是 F/g，常用的测量方法是循环伏安测试和恒流充放电测试。

（1）循环伏安测试

循环伏安（cyclic voltammetry，CV）测试就是给一个特定的物理体系线性变化（三角波形）的、多次反复扫描的电势信号，记录电路中的响应电流与电势的关系[65,66]。循环伏安测试可以在三电极体系或两电极体系下进行测试，常见的三电极体系主要包括工作电极、参比电极和对电极。本文用到的参比电极是饱和甘汞电极（SCE），对电极是 2 cm×2 cm 的铂片电极。具体各电极的固定方式如图 1.8 所示。

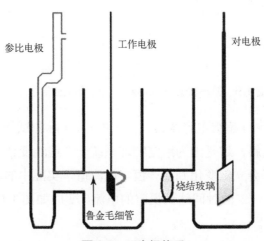

图1.8　三电极体系

根据循环伏安曲线的形状可以判断电极材料发生反应的可逆程度,中间体、相界吸附或者新相形成的可能性及相关的化学反应，等等。除此之外，超级电容器的比容量也可以通过 CV 曲线，应用以下公式进行计算[67]：

$$C_s = \int \frac{i(V)\mathrm{d}V}{mv\Delta V} \quad (1.1)$$

式中，C_s 是比容量；$i(V)$ 为对应电压下的响应电流，A；m 为活性物质的质量，g；v 为扫描速率，mV/s；ΔV 为测试的电势窗口，V。

对于超级电容器电极材料，当给定线性的扫描电位 V 时，见图 1.9（a），电极的响应电流 i 满足下面公式

$$i = \frac{\mathrm{d}Q}{\mathrm{d}t} = \frac{\mathrm{d}(CV)}{\mathrm{d}t} = V\frac{\mathrm{d}C}{\mathrm{d}t} + C\frac{\mathrm{d}V}{\mathrm{d}t} = V\frac{\mathrm{d}C}{\mathrm{d}t} + Cv \quad (1.2)$$

式中，Q 为电荷量；C 为电极材料的电容；v 为扫描速率，V/s。当电极材

料的储能机理是双电层原理，在一定的扫描速率下，电容不随电位发生变化，即 $i=Cv$，对于理想的超级电容器来说，改变扫描速率的方向，$i=-Cv$，电流值大小不发生变化，方向相反，这样理想的循环伏安曲线就表现出高度可逆、呈标准矩形状，如图 1.9（b）所示。

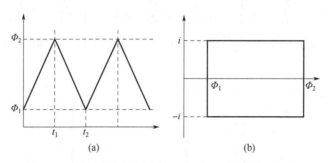

图 1.9　循环伏安的测试信号（a）和响应信号（b）

而在实际运行中，超级电容器具有一定内阻，实际测试的循环伏安曲线（CV曲线）便会发生倾斜，这是因为给定物理系统一个线性变化的电压信号时，理想的纯电容的电流会立刻变化到某一恒定电流值，实际中的超级电容器由于存在内阻电流，经过一定的时间达到恒定的电流，变成如图 1.10 所示有一定弧度的平行四边形[68,69]。

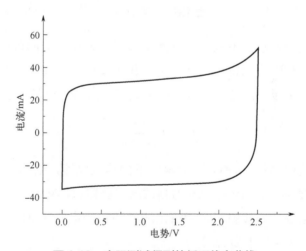

图 1.10　实际测试得到的循环伏安曲线

（2）恒流充放电测试

恒流充放电（Galvanostatic charge-discharge，GCD）测试是指给定一个物

理系统恒定的电流（见图1.11）进行充电放电，同时考察其电位随时间的变化，从而计算材料的比容量和体系的等效串联内阻[70,71]。

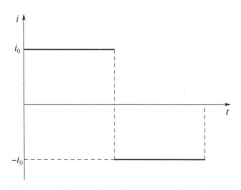

图1.11 恒流充放电测试的电流信号示意图

根据式（1.2）可知，对于理想的双电层电容器来说，$i = C\dfrac{dV}{dt}$，在恒流充放电测试中，电流值 i 恒定，所以 $\dfrac{dV}{dt}$ 肯定是一常数，即电压随时间是线性变化的关系。理想双电层电容器的恒流充放电曲线呈镜像的等腰三角形，如图1.12（a）所示。根据恒流充放电曲线，可以计算出材料的比容量[72]：

$$C = \dfrac{I\Delta t}{m\Delta V} \quad (1.3)$$

式中，I 为电流；Δt 是放电时间；m 为活性物质的质量；ΔV 为放电始点与终点的电压差。利用恒流充放电曲线，除了可以计算比容量以外，还可以计算体系的等效串联内阻，如图1.12（b）所示，由于物理体系的固有内阻，在电流转换的瞬间会形成一个电压降ΔU（I-R降），随着电流增大，ΔU 也会线性增大。根据电压降计算体系等效串联内阻的公式是：

$$R = \dfrac{\Delta U}{2I} \quad (1.4)$$

内阻也可以通过交流阻抗测试得到[72]，此测试将在下面详述。

等效串联电阻是影响电容器功率特性最直接的因素之一，也是评价电容器在大电流下充放电性能的一个直接指标。

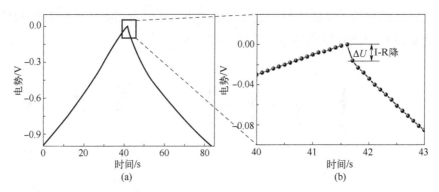

图1.12 理想双电层电容器的恒流充放电曲线（a）和电压降放大图（b）

1.3.2 倍率

倍率性能是指在不同的电流密度下电极材料表现出来的比容量、保持率（也称保留率）和恢复能力的反应。倍率性能主要与电极材料表面发生反应的可逆性有关，可逆性又与电极材料的稳定性有关。超级电容器充放电的可逆性在一定程度上反映了储存电荷的能力，因此可逆性、倍率是重要的性能指标。

1.3.3 能量密度和功率密度

超级电容器的能量密度直接反映其储存电荷的能力，作为储能器件，能量密度越高，越有利于在实际应用中超级电容器的小型化、轻型化。功率密度越高，越容易实现大电流快速储存/释放电能。根据恒流充放电曲线，能量密度（E）和功率密度（P）的计算公式分别为[73,74]：

$$E = \frac{1}{2}CU^2 \quad (1.5)$$

$$P = \frac{E}{t} \quad (1.6)$$

其中，E为能量密度，W·h/kg；P为功率密度，W/kg；U是电容器的工作电压；C是器件的质量比容量；t是放电时间。

从上面两个公式可以看出，超级电容器的能量密度和功率密度与电容、电压的平方成正比，这意味着要想提高超级电容器的能量密度和功率密度，需要有效地扩大电容器的工作电压范围和提高电容器的比容量。

1.3.4 循环性能

超级电容器的一个重要优点是具有超长的循环寿命,循环次数可达 10^5 以上,所以循环性能是衡量超级电容器性能的一个重要参数[72,75]。本文中超级电容器电极材料的循环性能通过两种测试方式进行衡量:一是在三电极体系下采用循环伏安法进行测试,这主要归因于循环伏安法既可以计算电极材料的比容量,也可以清楚地分析不同循环次数下的动态反应过程;二是将电极材料组装成纽扣型非对称电容器时,使用蓝电测试仪在两电极体系中进行测试,循环性能的测试主要采用恒流充放电测试,即对电容器进行多次反复充放电,分析器件容量、效率、内阻等参数。

1.3.5 内阻

对于储能元件来说,内阻也是一个重要的性能指标。超级电容器电极材料表面可以发生快速可逆的氧化还原反应,所以其内阻比电池的内阻小,虽说这样,但是较小的内阻对提高超级电容器的功率密度还是有很大帮助的[76]。计算内阻的方法主要包括两种测试:一是前面提到的恒流充放电曲线中出现的放电电压降;二是交流阻抗测试。

交流阻抗(electrochemical impedance spectroscopy,EIS)测试是给定稳定线性的物理系统一个正弦波电压(以频率变为函数)作为扰动信号,测量其相应的电流信号变化的电化学测量方法。分析电极动力学过程时,以阻抗的虚部为纵坐标,实部为横坐标作图,可以得到 Nyquist(尼奎斯特)图[77]。根据图像的特征和规律确定电极的等效串联电阻、电荷转移电阻、扩散电阻等信息。在本文中,扰动的电势正弦波的幅度是 10 mV,测试的频率范围为 $0.01\sim10^5$ Hz。

对于理想的纯电阻,阻抗值应该就是电阻本身的电阻值 R,即 $Z=R$,因此理想的纯电阻的 Nyquist 图是实部上的一个点,如图 1.13(a)所示。而对于理想的电容器,其阻抗只有虚部没有实部,阻抗就是虚部,即

$$Z=-\mathrm{i}\frac{1}{wC} \qquad (1.7)$$

式中 i 为复数的虚部单位,w 为角频率,C 为电容。所以理想电容器的 Nyquist 图是与纵轴(虚部)重合的一条直线,如图 1.13(b)[78]所示。但是在实际应

用中，不同储能器件的电路模型可以看做是这些简单元件的复合，包括串联、并联等等。对于由纯电阻和电容器的串联组成的复合元件，其阻抗等于互相串联的元件的阻抗相加，即

$$Z = R - i\frac{1}{wC} \tag{1.8}$$

这在 Nyquist 图上表现为在第一象限与横轴相交于 R 并且与纵轴平行的一条直线，如图 1.13（c）所示。同理，对于由纯电阻和电容器并联组成的复合元件，在 Nyquist 图上表现为在第一象限圆心为（$R/2$, 0），半径为 $R/2$ 的半圆，见图 1.13（d）[79]。

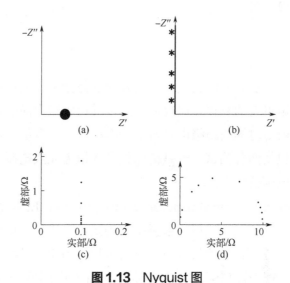

图 1.13　Nyquist 图

(a) 纯电阻；(b) 理想电容器；(c) 纯电阻（$R=10\,\Omega$）与电容器（$C=100\,\mu F$）串联；
(d) 纯电阻（$R=10\,\Omega$）与电容器（$C=100\,\mu F$）并联

对于超级电容器这种复杂的物理体系，考虑到电荷传递和扩散作用的同时存在，在实际测试的结果中 Nyquist 图表现如图 1.14 所示。一般将这类曲线分成高频区、中频区和低频区三部分进行分析。

简单来说，该曲线由高频区域的半圆、中频区域的 45°斜线和低频区域的直线构成[80]。高频区主要反映电极的动力学控制，曲线与横轴的截距是等效串联内阻，半圆结构反映电荷存储时所受的电荷转移/迁移阻力；中频区 45°斜线的长度与离子扩散电阻有关；低频区直线的斜率大小与电容性能有关，直线的

斜率越大，代表超级电容器越接近理想电容器。每一个电化学阻抗谱总是由不同等效电路图进行拟合，具体选哪一种怎么选，要根据被测体系的物理过程而定。这里不详细描述，具体问题具体分析[77,81]。

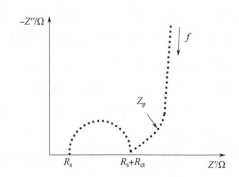

图 1.14 超级电容器常见的电化学阻抗谱 Nyquist 示意图

1.4 超级电容器电极材料

1.4.1 碳基材料

碳材料目前是商业化电容器运用最广泛的电极材料，碳材料具有很多优点，比如：资源丰富、成本低、无毒、化学稳定性高以及工作温度范围宽等[82]。碳基超级电容器的反应机理主要是双电层原理，影响其电化学性能的因素主要包括比表面积、孔径分布、孔结构、电导率和表面功能化。在这些因素当中，比表面积和孔径是最主要的[2]。高比表面积的碳材料主要包括活性炭、碳气凝胶、碳纳米管、多孔碳、碳纤维以及目前研究较热的石墨烯等。研究报道碳基电极材料的比容量在水系下可达 75～175 F/g，有机系下可达 40～100 F/g，但是实际过程中碳基超级容量器并不能达到报道的电容值[83]。

一般来说，碳材料的比表面积越大，在电极/电解液的表面，电荷储存的能力越高[84]。许多研究的方法用来提高比表面积，比如：热处理、碱处理、CO_2 活化和 NH_3 等离子体表面处理。这些方法可以有效地在碳材料表面造孔，从而提高比表面积。但是，比容量有时与比表面积不直接成正比关系，这是因为不是所有的微孔对于电解液离子都是有效的。一些报道认为碳材料孔径在 0.4 nm

或 0.7 nm 是最适合水系电解液的，而 0.8 nm 的孔径最适合有机系，事实上，最大容量的获得主要取决于孔径大小与离子大小的匹配[85,86]。

除了高比表面积和合适的孔径分布以外，提高碳材料的另一个有效的方法是表面功能化[87,88]。表面功能化官能团和杂环原子有利于离子吸附从而提高碳材料的亲水/亲油性，使得电解液离子快速地在微孔中迁移，增强电极材料的润湿性。与此同时，功能化的碳材料会引入氧化还原反应，在整体电容量上提高 5%～10%。碳材料骨架上常见的杂环原子有氧、氮、硼、硫，在这些原子当中，氮原子是研究最广泛报道也最多的。值得一提的是，利用电解液分解引入表面官能团，尤其是含氧的酸性官能团的研究越来越多[89,90]，特别是在有机电解液下，影响因素主要是考虑官能团的浓度、电极的有效面积以及操作的电压范围。

另一种增加碳材料电容量的方法是引入导电聚合物，举个例子，多壁碳纳米管引入聚吡咯后比容量可达 170 F/g，但是因为聚合物的快速降解，循环性能并不理想，而且这些电极材料在连续的操作下降解也会加速。考虑到这个问题，碳材料与金属氧化物的复合材料可能会被较多地用来解决循环问题。比如碳材料中复合 1% 的 RuO_2 就会使多壁碳纳米管的比容量从 30 F/g 增长到 80 F/g，而且与复合聚合物的电极材料相比，其循环性能也有所提高[91]。根据上面的描述，在既能优化整体的容量和导电性也不影响循环稳定性的前提下，关于碳材料未来的研究重点主要集中在更高的比表面积、合理的孔径分布以及适度的表面修饰等方向。

1.4.2 导电聚合物材料

导电聚合物是指既具有导电性又具有高分子材料特性的一种导电高分子材料，运用在超级电容器上的导电聚合物是通过共轭 π 键中的电子转移发生氧化还原反应进行储能。基于导电聚合物的超级电容器一般分为三种类型[92-94]：① p-p 型对称超级电容器，这种类型是指两种电极运用一样的 p 型掺杂的聚合物；② p-p′ 型非对称超级电容器，这种类型的电容器是指电极是不同 p 型掺杂的聚合物，其发生氧化还原反应的活性体也不一样；③ n-p 型对称超级电容器，此类电容器的电极使用的是同一种聚合物，只是分别进行 n 型掺杂和 p 型掺杂，在非水系的溶液中电势窗口可达 3.1 V。从材料的设计和储能角度来看，第三种类型的聚合物超级电容器是研究的重点。

最具代表性的导电聚合物有聚苯胺（PANI）、聚吡咯（PPy）、聚噻吩（PTh）以及相应的衍生物。PANI 和 PPy 只能进行 p 型掺杂而 n 型掺杂的电压远低于普通电解液的还原电势，所以 PANI 和 PPy 常常被用作正极材料，PTh 及其衍生物可以进行 p 型掺杂和 n 型掺杂，但是这些聚合物在还原态（负电压）时电导率较低，因此电容也较低，所以聚合物基的超级电容器正极为聚合物，负极使用一些其他材料比如碳等来有效地克服低电导率的问题[95,96]。此外，聚合物在越高的正电势范围越容易分解，当电势越趋于负值时，聚合物越容易变成绝缘态，所以对于此类电容器，电势窗口的选择至关重要[97]。

在掺杂和脱掺杂的过程中聚合物容易发生膨胀和收缩从而引起结构的退化，导致聚合物的循环性能较差。比如，Zhu 等发现 PANI 纳米棒在电压 0.2～0.8 V 范围经过 1000 次循环后比容量损失了 29.5%；Sharmar[98]制备的基于 PPy 的超级电容器的首次比容量可达 120 F/g，在电流密度 2 mA/cm^2 下循环 1000 次后比容量衰减近 50%。为了有效地提高聚合物的低循环性能，下面提供了三种常用的解决方案：

① 改善聚合物的结构和形貌。一些纳米结构的聚合物比如纳米纤维、纳米棒、纳米线、纳米管等结构，可以提供较短的扩散路径来提高电极材料的利用率，从而改善因体积膨胀导致循环衰减的问题。Wang 课题组[99]成功制备了有序纳米级的类胡须状的 PANI，在 1 mol/L H_2SO_4 的电解液里在 5 A/g 的电流密度下进行 3000 次连续的充放电循环，发现比容量只衰减了 5%，说明聚合物的形貌和结构可以有效地改善其循环性能。

② 制备混合型电容器[10,100]。因为 n 型掺杂聚合物比 p 型掺杂聚合物的循环性能更差，所以一个可行方案是用碳电极来取代 n 型掺杂聚合物电极。

③ 合成复合电极材料。目前常见的是将聚合物和碳纳米管复合在一起[101]，碳纳米管具有许多优秀的性质，比如高的导电性、高比表面积、多孔等都有利于提高电化学性能，尤其是循环性能。除了碳纳米管，其他的碳材料、无机金属（氢）氧化物以及一些其他的金属化合物也成为了复合材料的焦点，目前存在的一个难点就是，同时优化复合材料的组分、质量比、电解液、电压范围等参数来制备具有最优秀电化学性能的聚合物电容器[2]。

1.4.3 过渡金属氧化物及其衍生物电极材料

基于双电层原理的电极材料的比容量通常较小，一个实际的电极表面的容量在 10~50 μF/cm², 而基于氧化还原反应的赝电容的容量是双电层电容器的 10~100 倍, 相应的电极材料也是近几年研究较热的方向[102], 这类赝电容电极材料可以分为两类: 过渡金属（氢）氧化物和导电聚合物。到目前为止, 常见的金属（氢）氧化物包括 RuO_2、NiO、$Ni(OH)_2$、MnO_2、CoO、Co_3O_4、V_2O_5、SnO_2 等, 导电聚合物包括聚苯胺（PANI）、聚吡咯（PPy）和聚噻吩（PTh）等（见图1.15）。

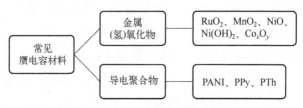

图1.15 常见的赝电容电极材料

1.4.3.1 金属氧化物

与传统的碳基超级电容器相比, 金属氧化物可以提供更高的能量密度, 而与导电聚合物相比, 金属氧化物可以提供更高的电化学稳定性。在合适的电压范围, 金属氧化物不仅可以像碳基电极材料一样进行双电层储能, 也可以与离子之间通过法拉第反应进行储能[103]。超级电容器中使用的金属氧化物电极材料一般需要满足以下特点[104]:

① 金属氧化物具有电子导电性；
② 金属元素包含多种价态, 稳定且不发生相变；
③ 质子可以自由地进入或脱出金属氧化物的晶格。

在众多金属氧化物中被研究最早的是 RuO_2, RuO_2 不仅具有优秀的导电性而且在1.2 V这个电压范围内有3种不同的氧化态, 其在酸性溶液下的赝电容行为已经被研究了30年, 主要的反应式如下[105]:

$$RuO_2 + xH^+ + xe^- \rightleftharpoons RuO_{2-x}(OH)_x \quad (0 \leqslant x \leqslant 2)$$

在合理的电压范围内质子不断地嵌入、脱出, 导致 x 值也发生连续的变化, 从而实现法拉第储能。RuO_2 作为超级电容器有前景的电极材料, 其理论比容量可达 2000 F/g[12]。许多不同形貌的 RuO_2 被应用到超级电容器上, 包括多孔薄膜、纳米棒、纳米片、纳米管等等。目前一种含水的 RuO_2 纳米管状阵列[52]电极的比容量可以高达 1300 F/g, 能量密度和功率密度分别是 7.5 W·h/kg 和 4.3 kW/kg,

虽然 RuO_2 拥有令人满意的电化学性能，但是基于二氧化钌的水系超级电容器不仅价格昂贵、资源稀缺，而且 1.2 V 的电压范围也限制了它在小型电子设备上的应用。因此，科学家们投入了大量的精力在研究如何降低成本，减少 RuO_2 的使用。目前在不同的报道中主要提出了两种潜在的策略：一是在低成本的基底上沉积 RuO_2 合成复合物，比如碳材料、导电聚合物等；另一种是探究低成本、资源丰富的金属氧化物，比如 NiO、MnO_2、CoO、Co_3O_4 等[106-108]。

（1）MnO_2

MnO_2 是一种有效的替代 RuO_2 的超级电容器电极材料，由于具有较高的理论比容量（约 1100 F/g）、低成本、资源丰富和环境友好吸引了研究者的广泛关注。到目前为止，关于 MnO_2 的储能机理有两种可能的机理解释：氧化还原反应发生在电极表面；氧化还原反应发生在电极内部。

第一种机理主要是基于 MnO_2 表面吸附一些电解液离子[109]，

$$(MnO_2)_{表面} + C^+ + e^- \rightleftharpoons (MnOOC)_{表面}$$

$$C^+ = H^+、Li^+、Na^+、K^+$$

第二种储能机理是电解液中的阳离子嵌入到 MnO_2 电极材料的内部发生还原反应，之后离子脱出发生氧化还原反应，反应式如下：

$$MnO_2 + C^+ + e^- \rightleftharpoons MnOOC \tag{1.9}$$

很明显，这两种常用的储能机理中 Mn 元素的化合价都是在Ⅲ价和Ⅳ价之间转化并同时发生氧化还原反应[109]。根据 Bélanger 研究，由于固态 MnO_2 较低的电导率与缓慢的质子和离子扩散性，其内部赝电容反应受到限制，能发生储能反应的 MnO_2 表面的厚度约为 420 nm。

影响 MnO_2 基电极电化学性能的主要原因有结晶度、晶型、形貌、导电性、活性物质的质量负载以及测试所用的电解液等[2]。初期的研究主要集中在无定形或者结晶度较差的 MnO_2 电极材料，但是结晶度较差的 MnO_2 由于隧道结构的交叉生长导致离子扩散困难，从而产生更高的电阻。不少课题组也试图研究了高结晶度的 MnO_2 电极材料，如 Brousse 及其同事[110]合成了不同结晶度的 MnO_2，通过材料的电容性能来证明结晶度、比表面积与电化学性能之间的关系。虽然结晶度越高，导电性越好，但相应的比表面积却越低；同样，结晶度较低，虽然提高了材料的多孔性，但却降低了电子的导电性。所以在结晶度、导电性、比表面积之间应该有个平衡关系。Ran 课题组[111]运用简单低成本的方法合成了高结晶度的类鸟巢的 MnO_2 电极材料，这种分层疏松的纳米结构在面电流密度为 5 mA/cm² 下获得的比容量高达 917 F/g。事实上，制备具有高比表面积、高结晶度的纳米 MnO_2 结构的电极材料仍是一个巨大的挑战。

MnO_2 的基本单元是以$[MnO_6]$为主体的八面体，相邻的八面体通过共角或共边（棱）的方式有规律地延伸连接形成多种结构，常见的 MnO_2 主要包括 α、β、γ、δ 和 λ 晶型，不同的晶型结构特征不同，所以表现出来的电化学性能也有所不同[112]。如图 1.16 所示，α、β、γ 晶型的结构主要是链状和隧道状，存在的孔道有 [1×1]、[1×2] 和 [2×2] 三类，相应的尺寸分别为 1.89 Å、2.3 Å、4.6 Å[113–115]。很明显，α-MnO_2 以 [2×2] 的孔道为主，通常可以容纳 K^+、Ba^{2+}、Na^+ 等阳离子或者 H_2O 分子，有利于阳离子的嵌入和脱出。β-MnO_2 的孔道结构是 [1×1]，孔道尺寸较小，不利于离子有效地进入或扩散，因此，β-MnO_2 作为超级电容器电极材料时，电化学性能会低于其他晶型的 MnO_2。γ-MnO_2 是 [1×1] 和 [1×2] 两种孔道结构交错共生的一种结构，其隧道的平均截面积较大，也是一种理想的电极活性物质。

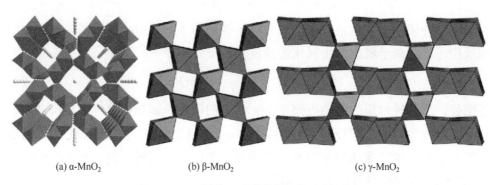

(a) α-MnO_2　　　　(b) β-MnO_2　　　　(c) γ-MnO_2

图 1.16　呈链状、隧道状结构的二氧化锰

除了上述隧道状结构的 MnO_2 以外，δ-MnO_2 也是一种常见的晶型，它主要是二维层状结构（Birnessite），见图 1.17，完美的层间间距为 7 Å[116]。一般层间距中有一层水分子层，K^+ 和 Na^+ 分散在水分子层中来保持电荷呈中性，根据插入阳离子的不同，分别命名为水钾锰矿（K-Birnessite）和水钠锰矿（Na-Birnessite）。通常 Birnessite 样品结晶度都不高，颗粒较小，容易获得较高的比表面积，因此也具有良好的电化学性能。λ-MnO_2 是一种三维尖晶石结构，这种多孔的结构允许部分阳离子有效地扩散，表现出了介于一维隧道结构与二维层状结构之间的中间行为。

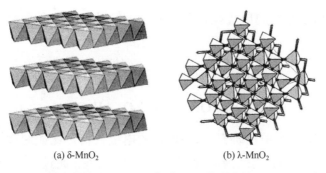

(a) δ-MnO₂　　(b) λ-MnO₂

图1.17　二维层状的 δ-MnO₂（a）和三维多孔的 λ-MnO₂（b）

Brousse 等[110]最先报道 MnO_2 的电容量与不同结构的尺寸有密切的关系,他们认为 4.6 Å 和 7 Å 的隧道尺寸最有利于水合的 K^+（3 Å）扩散,而 [1×1] 和 [1×2] 的隧道尺寸小于水合的 K^+ 的大小,限制了扩散过程。Munichandraiah[117]也证实了上述结构,并指出上述五种类型的 MnO_2 的比容量一般遵循以下顺序: α≈δ>γ>λ>β。

(2) Co_3O_4 /$Co(OH)_2$

在众多的金属氧化物中,Co_3O_4 也是一种有潜力的超级电容器电极材料,具有低成本、高氧化还原活性、高度可逆以及超高的理论比容量（3560 F/g）等优点[118]。Co_3O_4 在碱性条件下发生赝电容反应的方程式如下[119]:

$$Co_3O_4 + H_2O + OH^- \rightleftharpoons 3CoOOH + e^- \quad (1.10)$$

科研人员尝试研究了不同形貌的 Co_3O_4 纳米结构,包括纳米片、纳米线、纳米管、纳米花、气凝胶以及微米球。比如,在纯泡沫镍基底上原位生长的 Co_3O_4 纳米片阵列的比容量高达 2735 F/g；生长的介孔 Co_3O_4 纳米线阵列比容量为 1160 F/g, 5000 次循环后,比容量的保持率达 90.4%；具有独特的结构和高比表面积性质的 Co_3O_4 纳米管也表现出良好的比容量（574 F/g）。为了有效地提高 Co_3O_4 的电导率,在一些复合材料中引入导电性较好的含碳电极材料。例如,Xie 等[120]通过溶剂热法合成的 Co_3O_4 与石墨烯基气凝胶复合的电极材料在电流密度为 0.5 A/g 下得到的比容量为 660 F/g,电流密度增大 100 倍时,倍率为 65.1%；Lang 等[121]运用简单的共沉淀法合成了 Co_3O_4 和多壁碳纳米管复合的电极材料,比表面积可达 137 m²/g,电流密度为 0.625 A/g 时比容量为 418 F/g。

$Co(OH)_2$ 是一种层状结构的电极材料,较大的层间距有利于提高比表面

积,加快离子的嵌入/脱出过程,Co(OH)$_2$ 一般发生以下两个反应进行赝电容储能[103]:

$$Co(OH)_2 + OH^- \rightleftharpoons CoOOH + H_2O + e^- \quad (1.11)$$

$$CoOOH + OH^- \rightleftharpoons CoO_2 + H_2O + e^- \quad (1.12)$$

当然也有很多研究集中在研究 Co(OH)$_2$ 的电极材料,比如通过恒流电沉积方法[122]制备的 Co(OH)$_2$ 柔性薄膜比容量可达 609 F/g;通过恒电位电沉积的 Al 掺杂 α-Co(OH)$_2$ 运用超级电容器上[123],在 0~0.4 V 的电压范围下比容量为 843 F/g;另一个代表性的是 Zhou 等[124]报道的将有序的介孔 Co(OH)$_2$ 沉积到泡沫镍上,其比容量高达 2646 F/g。显然 Co(OH)$_2$ 基超级电容器的比容量高于 Co$_3$O$_4$ 基超级电容器,对于 Co$_3$O$_4$/Co(OH)$_2$ 这类电极材料,虽然我们总有办法实现高于 RuO$_2$ 的比容量,但是这些高比容量只在较窄的电压范围内实现,这也大大地限制了它们的实际应用[2]。

(3) NiO/Ni(OH)$_2$

氧化镍也是一种应用到超级电容器上的有潜力的电极材料,其理论比容量为 3750 F/g[125,126],相对钴而言成本更低,环境更友好,氧化镍在碱性电解液下储能的反应式如下[127]:

$$NiO + OH^- \rightleftharpoons NiOOH + e^- \quad (1.13)$$

一般来说,氧化镍表面的反应主要取决于材料本身的晶体结构,如表 1.1 所示[128],煅烧的温度会严重影响 NiO 的晶体结构和比容量。随着温度从 100 ℃ 上升到 250 ℃,NiO$_x$ 的电容略有增加,而 NiO$_x$ 中 x 却随之减小。但在较高温度(如 400~450 ℃)下,NiO$_x$ 的比容量逐渐降低。文献中也有报道 Ni(OH)$_2$/CNT 电极在温度超过 300 ℃ 比容量会迅速降低。

表 1.1 煅烧温度对 NiO$_x$ 镍氧元素比及比容量的影响

加热温度/℃	比容量/(F/g) (vs. Hg/HgO, 0.60~0.00 V)			NiO$_x$ 中的 x
	2 mA/cm^2	10 mA/cm^2	20 mA/cm^2	
110	592	419	377	2.32
200	636	469	404	2.06
250	696	521	479	1.50

续表

加热温度/℃	比容量/(F/g) (vs. Hg/HgO, 0.60~0.00 V)			NiO_x 中的 x
	2 mA/cm²	10 mA/cm²	20 mA/cm²	
280	586	420	373	1.36
300	546	383	340	1.19
350	494	302	269	1.18
400	382	270	235	1.15
450	157	106	88.8	1.08

目前 NiO 基电极材料主要面临两大挑战，一是较差的循环性能，另一个是高的电阻率[2]。克服这两大问题的主要解决办法是将 NiO 与导电性较好的电极材料复合，常见的是碳纳米管、石墨烯等，添加一定的钴源也能有效地提高循环性能。比如 Fan 等[129]通过直接热分解镍和钴的硝酸盐并附着在碳纳米管表面上，在 10 mA/cm² 电流密度下的比容量为 569 F/g，1000 次恒流充放电循环后容量损失了 0.2%，2000 次循环后损失了 3.6%，和原来损失 10%以上相比较循环性能明显提高。目前 NiO 的一个发展趋势是制备不同形貌的纳米结构，已经被合成的纳米 NiO 有纳米阵列、纳米片、纳米环、多孔的纳米花、纳米/微米球以及中空纳米球等。尤其是多孔的中空结构吸引了研究者的注意力，因为这种结构不仅可以提高比表面积而且也可以改善离子的传输、扩散，确保在大电流下发生赝电容反应所需的离子[130]。对于此种结构的合成，模板法虽然有效，但是过程复杂、费时，一种无模板剂的微波辅助水热法[131]被用来制备类花的中空纳米球，并在 2 A/g 的电流密度下表现出较好的比容量（770 F/g）。

氢氧化镍的赝电容反应和氢氧化钴类似，主要是在 $Ni^{2+} \leftrightarrow Ni^{3+} \leftrightarrow Ni^{4+}$ 之间进行不断的储能，$Ni(OH)_2$ 也具有较高的理论比容量，但是电导率低，在充放电的过程中体积容易发生变化从而导致较低的循环性能[12]，如同上面钴的氧化物所述，可以通过将一些导电性较好的碳材料与 $Ni(OH)_2$ 复合来改善这些缺点，但是这些改善也都是建立在较窄电压范围的基础之上，因此，扩大其在实际应用中的工作电压范围仍是一项严峻的挑战。

1.4.3.2 金属硫化物

过渡金属硫化物（TMS）具有比容量高、成本低和无应力产生等优点，作为潜在的电化学储能电极材料已引起人们的极大兴趣[132,133]。过渡金属硫化物的电化学性能远优于过渡金属氧化物。这主要是因为硫化物中硫原子的电负性比氧低，从而形成柔性相结构，有利于电子转移，提高电化学性能[134]。例如，Ni_xS_y 和 Co_xS_y 的比容量是氧化物的两倍[135]。同时，由于 TMS 具有更复杂的价态和更大的晶格尺寸，因此一般都能显示出令人印象深刻的电化学活性。就热稳定性和机械稳定性而言，过渡金属硫化物优于其他电极材料[136,137]。这些特殊的微观电子结构和多样的形貌结构促使过渡金属硫化物表现出出色的电化学性能，为开发先进超级电容器电极材料提供了巨大的潜力。

一般来说，TMS 可分为下列两种不同类型：

① 层状 MS_2（M = Mo、W）。由三个原子层（S-M-S）组成，其中一层金属与两层硫结合，各原子层之间通过相对较弱的范德华力相连。根据键合方式和构型不同，MS_2 可分为三相：1T、2H 和 3R（其中数字 1、2、3 表示单胞中的层数，字母 T、H、R 分别代表四方、六方和斜方）。层状 MS_2 可以剥离成单层，甚至表现出金属导电性。特别是 1T 相的导电性比 2H 相高约 10^5 倍，使其在电化学应用中更具竞争力。具有层状结构的 MS 具有较大的表面积，由于其明显的带隙，沿边缘的活性位点密度较高，因此有望成为超级电容器的电极材料。

② 非层状 M_xS_y（M = Fe、Co、Ni、Zn 等）。三维化学共价键，金属原子与相邻的硫原子呈八面体结合。作为超级电容器的电极材料，M_xS_y 发生多电子氧化还原反应，通常具有很高的电容量。此外，M_xS_y 因其丰富的资源、低成本和环保性而备受关注。

二维层状 MoS_2 和 WS_2 作为过渡金属二硫化物的典型代表，表现出不同寻常的电学、光学和能量存储等特性而受到越来越多的关注。MoS_2 具有 2H 半导体相（2H-MoS_2）和 1T 金属相（1T-MoS_2）两种形态，其在电化学储能方面已有报道。MoS_2 纳米片表现出较大的表面积有利于双电层电荷存储性能的发挥[138,139]。Acerce 等[140]利用有机锂化学将块状 MoS_2 粉末剥离成单层纳米片，1T-MoS_2 相浓度高达为 70%左右，并利用这种成熟的剥离方法获得了 100%悬浮于水中的单层 MoS_2 纳米片。该材料在 5 mV/s 的电流密度下，1T-MoS_2 电极在

TEABF$_4$/MeCN 中的电容值高达 199 F/cm^3，在 EMIMBF$_4$/MeCN 中的电容值高达 250 F/cm^3。1T-MoS$_2$ 电极在水性电解质中，电流密度为 0.5 A/g 时，能量密度可达 0.016 W·h/cm^3，功率密度为 0.62 W/cm^3。当电流密度为 16 A/g 时，能量密度和功率密度分别达到 0.011 W·h/cm^3 和 8.7 W/cm^3。在有机电解质中，上述参数会显著增加。在电流密度为 0.5 A/g 时，能量密度和功率密度分别高达 0.11 W·h/cm^3 和 1.1 W/cm^3。在 32 A/g 的较高电流密度下，这些参数分别变为 0.051 W·h/cm^3 和 51 W/cm^3。Habib 等[141]采用改进的化学气相传输技术合成了高质量的 WS$_2$ 单晶。根据电化学测量结果，该样品表现出非凡的循环稳定性，在 20000 次循环后仍能保持 80%的电容值，但电容值不尽如人意，能量密度和功率密度较低。此外，由于 MoS$_2$ 和 WS$_2$ 的纳米片会发生重新聚集、电子导电性差和易碎等缺陷而限制了其实际应用。因此，引入碳基材料、导电聚合物和其他金属氧化物以及掺杂非金属等策略来提高电极材料的电化学性能[142]。例如，Tu 等[143]通过温和的熔盐工艺制备出高导电性的 WS$_2$/rGO 纳米片材料。由于 WS$_2$ 在二维平面上具有大量电荷积聚位点，RGO 能够提高复合材料的导电性，并与 WS$_2$ 相互连接构成网络结构，其在 1 mV/s 的扫描速率下比容量高达 2508.07 F/g。该复合材料表现出优异的循环稳定性，循环 5000 圈充放电过程中比容量的保持率高达 98.6%，且同步的库仑效率接近 100%。

在各种过渡金属硫化物中，第Ⅷ族的过渡金属硫化物（如 NiS、Ni$_3$S$_2$、CoS$_2$、FeS$_2$ 及其复合材料）因其价态丰富、合成简便、成本低廉而被广泛研究，是一种很有前途的电极材料。镍硫化物（Ni$_x$S$_y$）含有多种晶相和化合物，如 α-NiS、β-NiS、NiS$_2$、Ni$_3$S$_2$、Ni$_3$S$_4$、Ni$_7$S$_6$ 和 Ni$_9$S$_8$[144,145]，这些物相和化合物赋予了镍硫化物丰富的结构、化学性质和优异的性能，以满足先进超级电容器的应用要求。NiS 存在 α-NiS（六方，$P63/mmc$）和 β-NiS（斜方体，$R3m$）两种晶相[146]。这两种材料具有大表面积和适当孔径的纳米结构，有望增加活性位点的数量，缩短电解质和电荷传输的扩散路径[147]。Bhagwan 等[148]采用水热法合成了 α-NiS@MWCNTs 复合电极材料，其在 1 A/g 电流密度下的比容量为 2057 F/g，高于单纯的 α-NiS 材料。将其组装成非对称超级电容器，在电流密度为 0.5 A/g 时的能量密度为 27 W·h/kg，功率密度为 362 W/kg。Qiu 等[149]将二乙醇胺作为螯合剂和溶剂，通过一步水热法在电纺碳纳米纤维（CNFs）上生长出了 NiS 纳米片。优化后的 NiS/CNFs-2 电极具有较高的比容量（1 A/g 电流密度下比容量为 133.3 mA·h/g）和出色的倍率性能（10 A/g 电流密度下比容量保持率为 70.62%）。此外，使用 NiS/CNFs-2 负极和活性炭负极组装的混合超级电容器的能量密度为 22.35 W·h/kg，功率密度为 750.8 W/kg。Wu 等[150]成功开发了直接在泡沫镍上原位生长 Ni_3S_2 纳米棒，这种纳米棒可作为超级电容器无黏结剂的 Ni_3S_2@Ni 电极。基于 PVA-KOH 凝胶电解质，组装好的全固态 Ni_3S_2@Ni‖AC 非对称超级电容器在 9.02 mW/cm^2 的功率密度下可提供 0.52 mW·h/cm^2 的高面能量密度，并表现出优秀的循环稳定性；在 30 mA/cm^2 的电流密度下，经过 10000 次恒流充电循环后，电容保持率达到 89%。Hu 等[151]在水热合成过程中通过调控硫代乙酸和硫脲两种硫源的摩尔比，成功合成了高性能的 α-NiS/Ni_3S_4 二元复合材料。该策略对提高硫化镍电化学储能性能非常有效。在 2 A/g 的电流密度下，其比容量高达 214.9 mA·h/g。此外，组装的 S3‖rGO 混合超级电容器功率密度为 799.0 kW/kg 时，能量密度高达 41.9 W·h/kg。该装置表现出优秀的循环稳定性，10000 次循环后的容量保持率高达 103%。

与镍硫化物（Ni_xS_y）相类似，钴硫化物（Co_xS_y）具有多种不同晶相（如 CoS、Co_9S_8、CoS_2 和 Co_3S_4），表现出一些优异的特性，使其成为一种具有潜在应用价值的超级电容器电极材料而受到广泛的研究[152,153]。

Reddy 等[154]利用 ZIF-67 金属有机骨架（MOF）和氧化石墨烯（GO），通过牺牲模板法获得了夹在 rGO 薄层之间的 CoS_2@gC 多面体。在元素硫存在的情况下，单步煅烧法产生了 CoS 和 CoS_2 的混合相，这些相嵌入了无定形碳（CoS_x@aC/rGO）中。然而，两步煅烧法产生了嵌入碳中的纯相 CoS_2（CoS_2@gC/rGO）。纯相 CoS_2 的形成是由于硫原子向金属钴核的扩散受到限制，而金属钴核被包裹在 Co@gC/rGO 复合材料的石墨碳层中。CoS_2@gC/rGO 复合材料的比容量为 1188 F/g，循环稳定性为 76%，库仑效率为 99%。以 CoS_2@gC/rGO 和热还原氧化石墨烯（hrGO）分别作为正负极，组装为全固态非对称超级电容器。在电流密度为 1.5 A/g 时，该装置表现出高比容量为 233 F/g；在功率密度为 1199.56 W/kg 时，能量密度高达 82.88 W·h/kg。特别是，即使在 7999.9 W/kg 的高功率密度下，该装置仍能保持 42.44 W·h/kg 的能量密度。

Li 等[155]采用一种简便的自牺牲模板策略，即在泡沫镍（NF）上均匀生长金属有机框架微片模板并在空气中退火，然后引入 S^{2-} 离子进行阴离子交换反应，成功制备了一种中空多孔 Co_9S_8 微片阵列（MPA）。所制备的 Co_9S_8-MPA/NF

作为超级电容器的无黏结剂电极，在 1 A/g 电流密度下比容量高达 1852 F/g（926 C/g），并且表现出优秀的循环稳定性（在 20 A/g 的电流条件下循环 5000 次后，比容量保持率为 86%）。此外，用 Co_9S_8-MPA/NF 和活性炭组装成混合超级电容器，在功率密度为 800 W/kg 时，能量密度高达 25.49 W·h/kg，且在 10 A/g 电流密度下循环 5000 次后比容量保持率达到 92%，表现出长循环稳定性。

Wei 等[156]以二维叶状 ZIF-67 为前驱体，改进了煅烧和硫化过程，构建了锚定在碳骨架上 CoS_2 和 Co_3S_4 纳米颗粒（CoS_2@C 和 Co_3S_4@C）的新颖分层结构。与 Co_3S_4@C 纳米粒子的不均匀分布相比，大 CoS_2@C 纳米粒子嵌入二维碳骨架，并通过有效的形态构造连接成片状，从而提供了更大的比表面积，为电化学反应提供了更多的氧化还原通道和活性位点。

CoS_2@C 电极具有优异的电化学性能，在 1.0 A/g 时比容量高达 1151 F/g，是 Co_3S_4@C 电极的 1.69 倍。密度泛函理论（DFT）计算表明，与 Co_3S_4 相比，CoS_2 在吸附 OH^- 的过程中能转移更多的电荷并具有更高的电子活性，这证明 CoS_2 具有更好的导电性。此外，用 CoS_2@C||rGO 非对称超级电容器在功率密度为 800 W/kg 时显示出 46.52 W·h/kg 的高能量密度。

在不同化学计量组成的硫化铁（Fe_xS_y）中，黄铁矿 FeS_2 因其资源丰富、导电性良好和电化学活性位点多而作为一种潜在的电极材料受到广泛关注[157,158]。FeS_2 可用作超级电容器的负极，表现出了良好的电化学性能。Zardkhoshoui 等[159]采用水热合成法在泡沫镍基底上原位生长了花瓣状的 FeS_2。将其作为超级电容器的负极，表现出了良好的电化学性能，在比容量高达 321.30 F/g，电流密度 20 A/g 下电容保持率为 47%。以石墨烯包裹的镍钴硒（$NiCo_2Se_4$）微球为正极和花瓣状二硫化铁为负极组装成一个柔性非对称全固态超级电容器件，该器件表现出高达 221.30 F/g 的比容量和 78.68 W·h/kg 的高能量密度。

总之，Ni_xS_y 和 Co_xS_y 在超级电容器应用中表现出优秀的电化学性能。尤其是具有大比表面积和分级结构的电极材料被证明具有潜在的应用价值。虽然有关 Fe_xS_y 的报道相对较少，但其作为超级电容器电极材料的潜力不容忽视。尤其是将其用作超级电容器的负极，拓宽了除了碳材料以外的负极材料选择范围。此外，构建多种金属复合硫化物材料也将成为提高电极材料电化学性能的有效手段。如 Wu 等[160]采用两步阴离子交换技术，将互相交织的纳米管网络结构转化成为 MCo_2S_4（M = Ni、Fe、Zn）分级多孔的六边形薄微片结构。

该材料具有较大孔隙率和低电阻的优点,可促进电子的快速传输和离子的扩散。与大多数已报道的具有不同形态的 $NiCo_2S_4$ 纳米结构相比,$NiCo_2S_4$ 电极材料具有更高的比容量(1780 F/g)和更优越的倍率性能以及出色的循环稳定性(在 10 A/g 电流密度下循环 10000 次后比容量保持率为 92.4%)。此外,以 $NiCo_2S_4$ 为正极,氮掺杂的石墨烯薄膜为负极,组装的非对称固态超级电容器实现了出色的循环稳定性(在电流密度 20 A/g 下循环 5000 次,比容量保持率为 92.1%),功率密度为 900 W/kg 时,能量密度高达 67.2 W·h/kg,性能优于同类超级电容器装置。Abbasi 等[161]开发了一种简便的无模板方法成功制备出了三维分级沟壑状 $MnCo_2S_4$ 纳米片阵列材料,将其作为高性能电化学电容器的电极材料,其在电流密度为 1 A/g 时表现出 834 C/g(231 mA·h/g)的超高比容量、优异的倍率性能和良好的循环稳定性。此外,组装好的 $MnCo_2S_4$/AC 非对称超级电容器表现出最大 57 W·h/kg 的能量密度和最高 20.8 kW/kg 的功率密度。

1.4.3.3 金属磷化物

过渡金属磷化物(TMPs)作为 n 型半导体具有优异的导电性、高电化学活性和类金属特性,已被开发为高性能超级电容器的新型正极材料[162,163]。由于金属和磷之间的电负性差异较小,M—P 键在大多数情况下是共价键和离子键的结合。相对较强的 M—P 键还赋予了金属磷化物较高的热稳定性、化学稳定性和硬度,使其可以用作稳定的电极材料[164]。此外,磷化物的框架具有很高的延展性,这使得过渡金属磷化物具有可变的价态和配位数,开放的框架可实现高效的电子/离子传输通道和存储空间[165,166]。在各种过渡金属磷化物中,过渡金属元素除了廉价金属元素 Co、Ni 和 Fe 等以外,还有 Mn、Cu、Ge 和 W 等。金属磷化物分为单一金属磷化物和多元金属磷化物。

(1) 单一金属磷化物

单一金属磷化物具有较高的理论比容量。典型的单一金属磷化物包括镍基磷化物(Ni_2P 和 $Ni_{12}P_5$)、钴基磷化物(CoP 和 Co_2P)和磷化铁(FeP)等。

在镍基磷化物中,在碱性电解液中的电荷储存主要是由于 Ni^{2+}/Ni^{3+} 电对的相互转化。目前,已报道的镍基磷化物有无定形 Ni_2P 纳米颗粒[167]、Ni_5P_4 纳米颗粒[168]、多孔 Ni_2P/石墨烯纳米片纳米复合材料[169]、超薄 $Ni_{12}P_5$ 纳米板[170]、

Au/Ni$_{12}$P$_5$ 核/壳纳米晶体[171]、泡沫镍支撑 Ni$_2$P 纳米片[172]和 Ni$_2$P/Co$_3$V$_2$O$_8$ 纳米复合材料[173]等。Jin 等[174]先通过水热法合成了 Ni(SO$_4$)$_{0.3}$(OH)$_{1.4}$ 纳米带状前驱体，然后在氩气气氛中低温磷化成功制备了介孔 Ni$_2$P 纳米带状结构。该材料由大量 Ni$_2$P 纳米颗粒交联组成二维叶状形貌，从而显著提高了介孔率和活性表面积。将其作为超级电容器电极材料，在 2 mol/L KOH 电解液中，0.625 A/g 电流密度下比容量为 1074 F/g；在 25 A/g 电流密度下比容量为 554 F/g；在 10 A/g 电流密度下循环 3000 次后，比容量保持率为 86.7%。Gan 等[175]基于阴离子溢出形成机理，采用简单的一步水热法合成了 Ni$_{12}$P$_5$ 纳米线，其在 1 A/g 时的可逆容量高达 707.2 C/g（10 A/g 时为 481.7 C/g，保持率超过 68%），并具有良好的循环稳定性。在功率密度为 0.896 kW/kg 时，Ni$_{12}$P$_5$||AC 混合器件的能量密度为 108.2 W·h/kg；在功率密度为 8.96 kW/kg 时，能量密度为 48.78 W·h/kg。研究发现，Ni$_{12}$P$_5$ 的高导电性（主要源于其零带隙金属特性）使电池-超级电容器混合装置具有较高的倍率性能。Wang 等[176]基于简单的一步水热合成法可控制备出 Ni$_{12}$P$_5$ 三种形貌结构。根据极性的不同，Ni$_{12}$P$_5$ 在乙醇、水和乙二醇中分别形成了纳米颗粒（NP）、纳米线（NW）和纳米网（NM）结构。然后，这三种 Ni$_{12}$P$_5$ 纳米结构被用作超级电容器的正极材料。Ni$_{12}$P$_5$ 纳米颗粒的比容量在 1 A/g 时约为 955 F/g（5 A/g 时为 676 F/g），高于 Ni$_{12}$P$_5$ 纳米线（1 A/g 时为 871 F/g）和 Ni$_{12}$P$_5$ 纳米网（1 A/g 时为 423 F/g）。Ni$_{12}$P$_5$ 纳米颗粒、纳米线和纳米网具有良好的循环稳定性，在 5 A/g 下循环 1500 次后，比容量分别为初始比容量的 81%、69%和 78%。同时，Ni$_{12}$P$_5$ NPs||AC 混合超级电容器当能量密度为 122.3 W·h/kg 时，功率密度为 0.75 kW/kg；而当功率密度为 7.5 kW/kg 时，其能量密度为 26.4 W·h/kg，并且表现出良好的循环稳定性。

钴基磷化物与相应的氧化物和氢氧化物相比，用电负性较小的 P 元素取代阴离子的 CoP 可诱导出更小的带隙并提高导电性[177,178]。磷化钴包含两种成键方式：一部分是 Co^{2+}在 CoP 中以共价键结合，可通过法拉第氧化还原反应储存电荷；另一部分是 Co 以金属键结合，具有自由电子，可提高导电性[179]。这些不同的键合方式使 CoP 具有类金属特性、更高的导电性和更高的理论比容量。基于上述优势，磷化钴可作为高性能赝电容材料实现快速电荷转移、良好的倍率性能和优秀的储能性能。Han 等[180]通过水热合成法和表面磷化处理后成功制备了（CoP/P）纳米条。CoP/P 样品表现出优异的电化学性能，在 1 A/g 电流密度下可达到 422.4 C/g，赝电容贡献率为 81.7%。此外，将其组装为非对称超级电容器，在功率密度为 942.7 W/kg 时，能量密度高达约 59.2 W·h/kg，循环 10000 次后比容量保持率高达 99%。Zhang 等[181]利用 Co^{2+} 离子对大豆蛋白能够絮凝的原理制备出含 Co 豆腐（TF）气凝胶，然后进行直接碳化开发出了基于碳膜的混合电极（Co_2P@CTF）。在碳化过程中，交联的蛋白质框架被转化为具有多孔结构、机械强度高且导电的碳基质，而 Co 物种则在不使用外部磷源的情况下被原位自磷化为高度分散的碳包覆 Co_2P 纳米颗粒。最优的 Co_2P@CTF 电极（Co_2P@CTF-1000）在 1.0 mA/cm^2 的电流密度下显示出 2.44 F/cm^2 的高比容量值。此外，用 Co_2P@CTF-1000 组装的对称超级电容器在 1.0 mA/cm^2 时的比容量值为 1.33 F/cm^2，在功率密度为 699.4 $\mu W/cm^2$ 时，能量密度为 90 $\mu W·h/cm^2$，并且在 10 mA/cm^2 电流密度下循环 50000 次比容量保持率仍高达 104.8%。

除了镍和钴基磷化物之外，磷化铁作为无毒、地球资源丰富、成本低廉和环境友好的电极材料，在能量存储和转换领域也越来越受到关注[182,183]。然而，关于磷化铁基电极的报道并不多，原因在于它们的循环稳定性相对较差。循环稳定性差的原因可能是铁基磷化物经过长时间的法拉第反应会对电极材料产生巨大的物理化学变化和应力，因此无法长时间保持原有的电化学活性。Liang 等[184]以 ZnO 纳米棒阵列为牺牲模板，通过磷化工艺在碳布上成功合成了 FeP 纳米管阵列，其表现出典型的超级电容性能。在 1 mA/cm^2 的电流密度下，其面积比容量高达 300.1 mF/cm^2，质量比容量为 149.11 F/g，明显高于铁基氧化物，但其稳定性却不尽如人意，5000 次循环后保持率仅为 41%。

（2）多元金属磷化物

与单金属磷化物相比，成分复杂的多金属化合物具有更丰富的氧化还原反应、更高的导电性和潜在的多金属协同效应，可显著提高电化学性能[185]。通过掺杂一种或多种过渡金属元素，可以很容易地调节局部配位环境和电子结构，从而调节电化学活性而不会导致结构退化，这归因于类似的原子半径和相似的电化学活性[186]。Wang 等[187]利用镍钴普鲁士蓝类似物自模板合成了空心 NiCoP 纳米立方体。首先用 $NH_3·H_2O$ 蚀刻普鲁士蓝类似物模板，然后进行碳化和磷化处理。通过调控氨水用量和磷化温度对材料电化学性能的影响。结果表明，在 500 ℃下用 4 mL 氨水制备的优化 NiCoP-4-500 在 1 A/g 的条件下显示出 1590 F/g 的最大比容量，在 12000 次循环中电容保持率高达 78.2%。Shou 等[188]通过水热法和磷化法在泡沫镍上合成了自组装三维 Ni-Fe-P 纳米片阵列。Ni-Fe-P/Ni

电极在 5 mA/cm² 时表现出比容量为 1358 C/g，在功率密度为 800 W/kg 时能量密度高达 50.2 W·h/kg。经过 10000 次循环后，电极的比容量保持率仍能达到 91.5%。这种出色的性能归功于多孔结构、增加的比表面积、活性位点和无黏合剂的 Ni-Fe-P 电极结构。Zhang 等[189]首先通过共沉淀法合成了 NiCo-MOF（[CH_3NH_3][$Ni_xCo_{1-x}(HCOO)_3$]）微立方体作为自沉淀模板，然后通过 350 ℃ 磷化处理制备了空心 NiCoP 微立方体。通过调整镍/钴的摩尔比，优化后的 NiCoP-2 微米级立方体在 1 A/g 时的最大比容量 629 C/g，在 6 A/g 时循环 8000 次的电容保持率为 81.3%。Li 等[190]通过化学沉积工艺和磷化处理在泡沫镍上成功生长了 ZnNiCo-P 纳米片。与 NiCo-P 纳米线、ZnCo-P 纳米片和 Co-P 纳米线相比，ZnNiCo-P 纳米片显示出较高的比容量（电流密度为 1 A/g 时比容量为 958 C/g）和优秀的倍率性能（电流密度为 20 A/g 时比容量仍高达 787 C/g）。ZnNiCo-P 纳米片中的多种金属成分增加了材料组成的复杂性和潜在的协同效应，提供了丰富的氧化还原活性位点，提高了材料的导电性。密度泛函理论计算证实，Zn/Ni 部分取代 Co，P 部分取代 O，可同时改善电荷转移行为，促进 OH^- 离子吸附和去质子化/质子化反应过程。此外，基于自支撑 ZnNiCo-P 纳米片电极的水基混合超级电容器在功率密度为 960 W/kg 时，能量密度高达 60.1 W·h/kg，而且循环性能表现优秀（在 10 A/g 电流密度下循环 8000 次后，比容量保持率仍能达到 89%）。

1.5 材料表征设备

本文制备了 7 种电极材料，分别是：石墨烯/无定形 α-MnO_2 复合材料，分级 δ-MnO_2 纳米片电极材料，氧化钴纳米材料，钴酸镍纳米电极材料，钴镍双金属氧化物，钴镍双金属磷硫化物，钴镍双金属硫化物和钴镍双金属磷化物纳米材料。所涉及材料表征和测试方法及所用的仪器介绍如下：

① 扫描电子显微镜（scanning electron microscopy，简称 SEM）。用于材料的微观形貌测试，设备型号为日本的 SU8020。测试之前先用牙签蘸取少量干燥的样品粉末涂在导电碳胶带上，之后即可进行观察。

② 透射电子显微镜（transmisson electron microscopy，简称 TEM）。主要用于进一步观察材料的微观形貌，包括大小、形状等特性。设备型号为 FEI

Tecnai G2 S-twin，其加速电压为 200 kV。测试前需要的准备工作是取少量的样品分散于无水乙醇中，超声分散 15 min，然后将分散好的溶液滴到镀过碳膜的微栅，一般 2~3 滴即可，最后放在滤纸上晾干待测试使用。

③ X 射线粉末衍射（X-ray diffraction，简称 XRD）。可用来判断相组成、晶粒的大小，同时还可以表征碳材料的石墨化程度。测试设备的型号为日本的 Rigaku D/max-2550 X 射线衍射仪（Cu 靶），测试的角度因材料不同而不同，一般是 10°~80°。

④ 傅里叶变换红外光谱。由德国布鲁克的 IFS 66V/S FTIR 紫外-可见光谱仪测试，使用 KBr 与样品混合后，压片的方法对样品进行表征，扫描的波数范围为 400~4000 cm^{-1}。

⑤ 低压氮气吸附脱附测试。用于测试材料的比表面积、孔径分布等参数，用 BET（Brunauer-Emmett-Teller）方法计算比表面积，介孔材料的孔分布用 BJH 的脱附曲线。测试设备的型号是 ASAP 2020 表面及孔径分析仪。测试样品测试前需在 150 ℃下真空处理 10 h，然后在 77 K 条件下进行测试。

⑥ X 射线光电子能谱（XPS）。既可以对材料表面元素进行定性、半定量分析，也可以用来确定元素化合态，测试设备的型号是 VG ESCALAB MK Ⅱ 电子能谱仪。

参考文献

[1] CHU S, MAJUMDAR A. Opportunities and challenges for a sustainable energy future [J]. Nature, 2012, 488(7411): 294-303.

[2] WANG G P, ZHANG L, ZHANG J J. A review of electrode materials for electrochemical supercapacitors [J]. Chem Soc Rev, 2012, 41(2): 797-828.

[3] NOCERA D G. Living healthy on a dying planet [J]. Chem Soc Rev, 2009, 38(1): 13-15.

[4] SIMON P, GOGOTSI Y. Materials for electrochemical capacitors [J]. Nat Mater, 2008, 7(11): 845-854.

[5] LUO B, WANG B, LI X L, et al. Graphene-confined Sn nanosheets with enhanced Lithium storage capability [J]. Adv Mater, 2012, 24(26): 3538-3543.

[6] PANG M J, SONG Z Y, MAO M M, et al. Heterostructured $Co_3Se_4/CoSe_2$@C nanoparticles attached on three-dimensional reduced graphene oxide as a promising anode towards Li-ion batteries [J]. Front Mater Sci, 2024, 18(2): 240688.

[7] PANG M J, MAO M M, LIU L B, et al. Phytic acid assisted fabrication of high specific surface area carbon-wrapped $Ni_2P_4O_{12}$ nanoparticle electrodes for lithium-ion battery [J]. ACS Sustainable Chem Eng, 2024, 12(23): 8846-8859.

[8] TARASCON J M, ARMAND M. Issues and challenges facing rechargeable lithium batteries [J]. Nature, 2001, 414(6861): 359-367.

[9] MARTIN W, Ralph J B. What are batteries, fuel cells, and supercapacitors? [J]. Chem Rev, 2004, 104(10): 4245-4269.

[10] ARBIZZANI C, MASTRAGOSTINO M, SOAVI F. New trends in electrochemical supercapacitors [J]. J Power Sources, 2001, 100(1-2): 164-170.

[11] ARULEPP M, LEIS J, LATT M, et al. The advanced carbide-derived carbon based supercapacitor [J]. J Power Sources, 2006, 162(2): 1460-1466.

[12] YAN J, WANG Q, WEI T, et al. Recent advances in design and fabrication of electrochemical supercapacitors with high energy densities [J]. Adv Energy Mater, 2014, 4(4):157-164.

[13] PANDOLFO A G, HOLLENKAMP A F. Carbon properties and their role in supercapacitors [J]. J Power Sources, 2006, 157(1): 11-27.

[14] KOTZ R, CARLEN M. Principles and applications of electrochemical capacitors [J]. Electrochim Acta, 2000, 45(15-16): 2483-2498.

[15] MILLER J R, SIMON P. Materials science-electrochemical capacitors for energy management [J]. Science, 2008, 321(5889): 651-652.

[16] PECH D, BRUNET M, DUROU H, et al. Ultrahigh-power micrometre-sized supercapacitors based on onion-like carbon [J]. Nat Nanotechnol, 2010, 5(9): 651-654.

[17] 纪莹. 锰/钴/镍基硫族化合物的合成及其电化学性质的研究 [D]. 长春: 吉林大学, 2015.

[18] LEE J, KIM J, HYEON T. Recent progress in the synthesis of porous carbon materials [J]. Adv Mater, 2006, 18(16): 2073-2094.

[19] CHOI D, BLOMGREN G E, KUMTA P N. Fast and reversible surface redox reaction in nanocrystalline vanadium nitride supercapacitors [J]. Adv Mater, 2006, 18(9): 1178.

[20] ZHANG L L, ZHAO X S. Carbon-based materials as supercapacitor electrodes [J]. Chem Soc Rev, 2009, 38(9): 2520-2531.

[21] SABATIER U P. Materials for electrochemical capacitors [J]. Nat Mater, 2008, 7:845-854.

[22] YU G H, XIE X, PAN L J, et al. Hybrid nanostructured materials for high-performance electrochemical capacitors [J]. Nano Energy, 2013, 2(2): 213-234.

[23] LONG J W, BELANGER D, BROUSSE T, et al. Asymmetric electrochemical capacitors-Stretching the limits of aqueous electrolytes [J]. Mrs Bull, 2011, 36(7): 513-522.

[24] SIMON P, GOGOTSI Y. Capacitive energy storage in nanostructured carbon-electrolyte systems [J]. Accounts Chem Res, 2013, 46(5): 1094-1103.

[25] 李会巧. 超级电容器及其相关材料的研究 [D]. 上海: 复旦大学, 2008.

[26] 范小明. 多孔炭超级电容器电极材料的制备及倍率性能的研究 [D]. 大连: 大连理工大学, 2014.

[27] ZHAO X, ZHANG L L, MURALI S, et al. Incorporation of manganese dioxide within ultraporous activated graphene for high-performance electrochemical capacitors [J]. ACS Nano, 2012, 6(6): 5404-5412.

[28] CHENG J P, FANG J H, LI M, et al. Enhanced electrochemical performance of CoAl-layered double hydroxide nanosheet arrays coated by platinum films [J]. Electrochim Acta, 2013, 114: 68-75.

[29] BICHAT M P, RAYMUNDO-PINERO E, BEGUIN F. High voltage supercapacitor built with seaweed carbons in neutral aqueous electrolyte [J]. Carbon, 2010, 48(15): 4351-4361.

[30] GAO Q, DEMARCONNAY L, RAYMUNDO-PINERO E, et al. Exploring the large voltage range of carbon/carbon supercapacitors in aqueous lithium sulfate electrolyte [J]. Energ Environ Sci, 2012, 5(11): 9611-9617.

[31] FIC K, LOTA G, MELLER M, et al. Novel insight into neutral medium as electrolyte for high-voltage supercapacitors [J]. Energ Environ Sci, 2012, 5(2): 5842-5850.

[32] HALL P J, MIRZAEIAN M, FLETCHER S I, et al. Energy storage in electrochemical capacitors: designing functional materials to improve performance [J]. Energ Environ Sci, 2010, 3(9): 1238-1251.

[33] ARMAND M, ENDRES F, MACFARLANE D R, et al. Ionic-liquid materials for the electrochemical challenges of the future [J]. Nat Mater, 2009, 8(8): 621-629.

[34] FRACKOWIAK E, FIC K, MELLER M, et al. Electrochemistry serving people and nature: high-energy ecocapacitors based on redox-active electrolytes [J]. Chemsuschem, 2012, 5(7): 1181-1185.

[35] BALDUCCI A, DUGAS R, TABERNA P L, et al. High temperature carbon-carbon supercapacitor using ionic liquid as electrolyte [J]. J Power Sources, 2007, 165(2): 922-927.

[36] 刘海晶. 电化学超级电容器多孔碳电极材料的研究 [D]. 上海: 复旦大学, 2011.

[37] 钟存贵. 沥青基超级电容器炭电极材料的制备及电化学性质的研究 [D]. 太原: 太原理工大学, 2012.

[38] ROLDAN S, GONZALEZ Z, BLANCO C, et al. Redox-active electrolyte for carbon nanotube-based electric double layer capacitors [J]. Electrochim Acta, 2011, 56(9): 3401-3405.

[39] HUANG J S, SUMPTER B G, MEUNIER V. Theoretical model for nanoporous carbon supercapacitors [J]. Angew Chem Int Edit, 2008, 47(3): 520-524.

[40] 陈万军. 3D石墨烯基复合电极柔性超级电容器的设计、制备和组装 [D]. 兰州: 兰州大学, 2014.

[41] LI X, WEI B Q. Supercapacitors based on nanostructured carbon [J]. Nano Energy, 2013, 2(2): 159-173.

[42] GAMBY J, TABERNA P L, SIMON P, et al. Studies and characterisations of various activated carbons used for carbon/carbon supercapacitors [J]. J Power Sources, 2001, 101(1): 109-116.

[43] BEGUIN F. Supercapacitors:materials, systems, and applications [M]. John Wiley & Sons. 2013.

[44] 袁国辉. 电化学电容器 [M]. 北京: 化学工业出版社, 2006.

[45] 李艳华. 基于超级电容器用的四氧化三钴的形貌可控制备及性能研究 [D]. 长沙: 中南大学, 2010.

[46] HUANG X W, XIE Z W, HE X Q, et al. Electric double layer capacitors using activated carbon prepared from pyrolytic treatment of sugar as their electrodes [J]. Synthetic Met, 2003, 135(1-3): 235-236.

[47] XING W, QIAO S Z, DING R G, et al. Superior electric double layer capacitors using ordered mesoporous carbons [J]. Carbon, 2006, 44(2): 216-224.

[48] KATAKABE T, KANEKO T, WATANABE W, et al. Electric double-layer capacitors using "bucky gels" consisting of an ionic liquid and carbon nanotubes [J]. J Electrochem Soc, 2005, 152(10): A1913-A1916.

[49] STOLLER M D, PARK S J, ZHU Y W, et al. Graphene-based ultracapacitors [J]. Nano Letters, 2008, 8(10): 3498-3502.

[50] 翟登云. 高能量密度超级电容器的电极材料研究 [D]. 北京: 清华大学, 2011.

[51] KODAMA M, YAMASHITA J, SONEDA Y, et al. Preparation and electrochemical characteristics of N-enriched carbon foam [J]. Carbon, 2007, 45(5): 1105-1107.

[52] HU C C, CHANG K H, LIN M C, et al. Design and tailoring of the nanotubular arrayed architecture of hydrous RuO_2 for next generation supercapacitors [J]. Nano Lett, 2006, 6(12): 2690-2695.

[53] SUBRAMANIAN V, HALL S C, SMITH P H, et al. Mesoporous anhydrous RuO_2 as a supercapacitor electrode material [J]. Solid State Ionics, 2004, 175(1-4): 511-515.

[54] ATHOUEL L, MOSER F, DUGAS R, et al. Variation of the MnO_2 birnessite structure upon charge/discharge in an electrochemical supercapacitor electrode in aqueous Na_2SO_4 electrolyte [J]. J Phys Chem C, 2008, 112(18): 7270-7277.

[55] BABAKHANI B, IVEY D G. Anodic deposition of manganese oxide electrodes with rod-like structures for application as electrochemical capacitors [J]. J Power Sources, 2010, 195(7): 2110-2117.

[56] WANG D W, LI F, CHENG H M. Hierarchical porous nickel oxide and carbon as electrode materials for asymmetric supercapacitor [J]. J Power Sources, 2008, 185(2): 1563-1568.

[57] NAKAYAMA M, TANAKA A, SATO Y, et al. Electrodeposition of manganese and molybdenum mixed oxide thin films and their charge storage properties [J]. Langmuir, 2005, 21(13): 5907-5913.

[58] COTTINEAU T, TOUPIN M, DELAHAYE T, et al. Nanostructured transition metal oxides for aqueous hybrid electrochemical supercapacitors [J]. Appl Phys A-Mater, 2006, 82(4): 599-606.

[59] PENG C, JIN J, CHEN G Z. A comparative study on electrochemical co-deposition and capacitance of composite films of conducting polymers and carbon nanotubes [J]. Electrochim Acta, 2007, 53(2): 525-537.

[60] CHO S I, LEE S B. Fast electrochemistry of conductive polymer nanotubes: Synthesis, mechanism, and application [J]. Acc Chem Res, 2008, 41(6): 699-707.

[61] MALINAUSKAS A, MALINAUSKIENE J, RAMANAVICIUS A. Conducting polymer-based nanostructurized materials: electrochemical aspects [J]. Nanotechnology, 2005, 16(10): R51-R62.

[62] 李伟. 碳材料结构与官能化调控及其应用于锂硫电池和超级电容器的研究 [D]. 长春：东北师范大学, 2015.

[63] DU PASQUIER A, PLITZ I, GURAL J, et al. Characteristics and performance of 500 F asymmetric hybrid advanced supercapacitor prototypes [J]. J Power Sources, 2003, 113(1): 62-71.

[64] 陈永言. 电化学基础 [M]. 天津：天津科学技术出版社, 1999.

[65] HERN NDEZ P. Cyclic voltammetry determination of epinephrine with a carbon [J]. Talanta, 1998, 46(5): 985-991.

[66] KISSINGER P T. Cyclic voltammetry [J]. J Chem Educ, 1983, 60(9): 702-706.

[67] HU C C, WANG C C. Improving the utilization of ruthenium oxide within thick carbon-ruthenium oxide composites by annealing and anodizing for electrochemical supercapacitors [J]. Electrochem Commun, 2002, 4(7): 554-559.

[68] 吴春. 超级电容器用新型多孔碳材料的制备及其电化学性能研究 [D]. 湘潭：湘潭大学, 2014.

[69] 腾岛昭. 电化学测定方法 [M]. 北京：北京大学出版社, 1995.

[70] IMANISHI N. Charge-discharge characteristics of mesophase-pitch-based carbon fibers for Lithium cells [J]. J Electrochem Soc, 1993, 140(2): 315-320.

[71] PELL W G. Analysis of non-uniform charge-discharge and rate effects in porous carbon capacitors containing sub-optimal electrolyte concentrations [J]. J Electroanal Chem, 2000, 491(1-2): 9-21.

[72] 黄海富. 超级电容器用 3D 石墨烯材料的设计、制备和电化学性能研究 [D]. 南京：南京大学, 2015.

[73] PENG H, MA G, SUN K, et al. High-performance aqueous asymmetric supercapacitor based on carbon nanofibers network and tungsten trioxide nanorod bundles electrodes [J]. Electrochim Acta, 2014, 147: 54-61.

[74] 沈慕昭. 电化学基本原理及其应用 [M]. 北京：北京师范大学出版社, 1987.

[75] ZHI M, XIANG C, LI J, et al. Nanostructured carbon-metal oxide composite electrodes for supercapacitors: a review [J]. Nanoscale, 2013, 5(1): 72-88.

[76] BOOTA M, HATZELL K B, BEIDAGHI M, et al. Activated carbon spheres as a flowable electrode in electrochemical flow capacitors [J]. J Electrochem Soc, 2014, 161(6): A1078-A1083.

[77] 史美伦. 交流阻抗谱原理及应用 [M]. 北京：国防工业出版社, 2001.

[78] WU S L, CUI Z D, ZHAO G X, et al. EIS study of the surface film on the surface of carbon steel from supercritical carbon dioxide corrosion [J]. Appl Surf Sci, 2004, 228(1-4): 17-25.

[79] JIANG C, YANG T, JIAO K, et al. A DNA electrochemical sensor with poly-l-lysine/single-walled carbon nanotubes films and its application for the highly sensitive EIS detection of PAT gene fragment and PCR amplification of NOS gene [J]. Electrochim Acta, 2008, 53(6): 2917-2924.

[80] 曹楚南. 电化学阻抗谱导论 [M]. 北京：科学出版社, 2002.

[81] 高飞. 不同结构的超级电容器阻抗谱 [J]. 北京科技大学学报, 2009, 31(6): 744-751.

[82] PANG M J, JIANG S, ZHAO J G, et al. "Water-in-salt" electrolyte enhanced high voltage aqueous supercapacitor with carbon electrodes derived from biomass waste-ground grain hulls [J]. RSC Adv, 2020, 10: 35545-35556.

[83] BURKE A. Ultracapacitors why, how, and where is the technology [J]. J Power Sources, 2000, 91(1): 37-50.

[84] FRACKOWIAK E. Carbon materials for supercapacitor application [J]. Phys Chem Chem Phys, 2007, 9(15): 1774-1785.

[85] RAYMUNDO-PINERO E, KIERZEK K, MACHNIKOWSKI J, et al. Relationship between the nanoporous texture of activated carbons and their capacitance properties in different electrolytes [J]. Carbon, 2006, 44(12): 2498-2507.

[86] SALITRA G, SOFFER A, ELIAD L, et al. Carbon electrodes for double-layer capacitors I. Relations between ion and pore dimensions [J]. J Electrochem Soc, 2000, 147(7): 2486-2493.

[87] HULICOVA D, YAMASHITA J, SONEDA Y, et al. Supercapacitors prepared from melamine-based carbon [J]. Chem Mater, 2005, 17(5): 1241-1247.

[88] HULICOVA D, KODAMA M, HATORI H. Electrochemical performance of nitrogen-enriched carbons in aqueous and non-aqueous supercapacitors [J]. Chem Mater, 2006, 18(9): 2318-2326.

[89] HUGHES M, SHAFFER M S P, RENOUF A C, et al. Electrochemical capacitance of nanocomposite films formed by coating aligned arrays of carbon nanotubes with polypyrrole [J]. Adv Mater, 2002, 14(5): 382-385.

[90] HUGHES M, CHEN G Z, SHAFFER M S P, et al. Electrochemical capacitance of a nanoporous composite of carbon nanotubes and polypyrrole [J]. Chem Mater, 2002, 14(4): 1610-1613.

[91] ARABALE G, WAGH D, KULKARNI M, et al. Enhanced supercapacitance of multiwalled carbon nanotubes functionalized with ruthenium oxide [J]. Chem Phys Lett, 2003, 376(1-2): 207-213.

[92] VOL'FKOVICH Y M, SERDYUK T M. Electrochemical capacitors [J]. Russ J Electrochem, 2002, 38(9): 935-958.

[93] SIVARAMAN P, THAKUR A, KUSHWAHA R K, et al. Poly(3-methyl thiophene)-activated carbon hybrid supercapacitor based on gel polymer electrolyte [J]. Electrochem Solid St, 2006, 9(9): A435-A438.

[94] HASHMI S A, UPADHYAYA H M. Polypyrrole and poly(3-methyl thiophene)-based solid state redox supercapacitors using ion conducting polymer electrolyte [J]. Solid State Ionics, 2002, 152: 883-889.

[95] NAOI K, SUEMATSU S, MANAGO A. Electrochemistry of poly(1,5-diaminoanthraquinone) and its application in electrochemical capacitor materials [J]. J Electrochem Soc, 2000, 147(2): 420-426.

[96] MASTRAGOSTINO M, PARAVENTI R, ZANELLI A. Supercapacitors based on composite polymer electrodes [J]. J Electrochem Soc, 2000, 147(9): 3167-3170.

[97] SNOOK G A, KAO P, BEST A S. Conducting-polymer-based supercapacitor devices and electrodes [J]. J Power Sources, 2011, 196(1): 1-12.

[98] SHARMA R K, RASTOGI A C, DESU S B. Manganese oxide embedded polypyrrole nanocomposites for electrochemical supercapacitor [J]. Electrochim Acta, 2008, 53(26): 7690-7695.

[99] WANG Y G, LI H Q, XIA Y Y. Ordered whiskerlike polyaniline grown on the surface of mesoporous carbon and its electrochemical capacitance performance [J] Adv Mater, 2006, 18(19): 2619-2623.

[100] LAFORGUE A, SIMON P, FAUVARQUE J F, et al. Hybrid supercapacitors based on activated carbons and conducting polymers [J]. J Electrochem Soc, 2001, 148(10): A1130-A1134.

[101] KIM J H, LEE Y S, SHARMA A K, et al. Polypyrrole/carbon composite electrode for high-power electrochemical capacitors [J]. Electrochim Acta, 2006, 52(4): 1727-1732.

[102] HU C C, WANG C C, CHANG K H. A comparison study of the capacitive behavior for sol-gel-derived and co-annealed ruthenium-tin oxide composites [J]. Electrochim Acta, 2007, 52(7): 2691-2700.

[103] ZHAO D D, BAO S J, ZHOU W H, et al. Preparation of hexagonal nanoporous nickel hydroxide film and its application for electrochemical capacitor [J]. Electrochem Commun, 2007, 9(5): 869-874.

[104] CONWAY B E. Electrochemical supercapacitors [M]. New York: Kluwer Academic/Plenum Press, 1999.

[105] FERRO S, DE BATTISTI A. Electrocatalysis and chlorine evolution reaction at ruthenium dioxide deposited on conductive diamond [J]. J Phys Chem B, 2002, 106(9): 2249-2254.

[106] LI Y H, HUANG K L, ZENG D M, et al. RuO_2/Co_3O_4 thin films prepared by spray pyrolysis technique for supercapacitors [J]. J Solid State Electr, 2010, 14(7): 1205-1211.

[107] HSIEH T F, CHUANG C C, CHEN W J, et al. Hydrous ruthenium dioxide/multi-walled carbon-nanotube/titanium electrodes for supercapacitors [J]. Carbon, 2012, 50(5): 1740-1747.

[108] WU Z S, WANG D W, REN W, et al. Anchoring hydrous RuO_2 on graphene sheets for high-performance electrochemical capacitors [J]. Adv Funct Mater, 2010, 20(20): 3595-3602.

[109] TOUPIN M, BROUSSE T, BELANGER D. Charge storage mechanism of MnO_2 electrode used in aqueous electrochemical capacitor [J]. Chem Mater, 2004, 16(16): 3184-3190.

[110] BROUSSE T, TOUPIN M, DUGAS R, et al. Crystalline MnO_2 as possible alternatives to amorphous compounds in electrochemical supercapacitors [J]. J Electrochem Soc, 2006, 153(12): A2171-A2180.

[111] RAN F, FAN H L, WANG L R, et al. A bird nest-like manganese dioxide and its application as electrode in supercapacitors [J]. J Energy Chem, 2013, 22(6): 928-934.

[112] 张歆皓. 微波辅助水热条件下形貌可控二氧化锰的合成及其电化学性质的研究 [D]. 长春: 吉林大学, 2013.

[113] TOUPIN M. Influence of microstucture on the charge storage properties of chemically synthesized manganese dioxide [J]. Chem Mater, 2002, 14(9): 3946-3952.

[114] HUANG M, LI F, DONG F, et al. MnO_2-based nanostructures for high-performance supercapacitors [J]. J Mater Chem A, 2015, 3(43): 21380-21423.

[115] WANG J G, KANG F Y, WEI B Q. Engineering of MnO_2-based nanocomposites for high-performance supercapacitors [J]. Prog Mater Sci, 2015, 74: 51-124.

[116] MA R H, BANDO Y, ZHANG L Q, et al. Layered MnO_2 nanobelts: Hydrothermal synthesis and electrochemical measurements [J]. Adv Mater, 2004, 16(11): 918-922.

[117] DEVARAJ S, MUNICHANDRAIAH N. Effect of crystallographic structure of MnO_2 on its electrochemical capacitance properties [J]. J Phys Chem C, 2008, 112(11): 4406-4417.

[118] WANG X, TIAN W, ZHAI T, et al. Cobalt(ii,iii) oxide hollow structures: fabrication, properties and applications [J]. J Mater Chem, 2012, 22(44): 23310.

[119] SHAN Y, GAO L. Formation and characterization of multi-walled carbon nanotubes/Co_3O_4 nanocomposites for supercapacitors [J]. Mater Chem Phys, 2007, 103(2-3): 206-210.

[120] XIE L, SU F, XIE L. Self-assembled 3D graphene-based aerogel with Co_3O_4 nanoparticles as high-performance asymmetric supercapacitor electrode [J]. Chemsuschem, 2015, 8(17): 2917-2926.

[121] LANG J, YAN X, XUE Q. Facile preparation and electrochemical characterization of cobalt oxide/multi-walled carbon nanotube composites for supercapacitors [J]. J Power Sources, 2011, 196(18): 7841-7846.

[122] FUSALBA F, GOUEREC P, VILLERS D, et al. Electrochemical characterization of polyaniline in nonaqueous electrolyte and its evaluation as electrode material for electrochemical supercapacitors [J]. J Electrochem Soc, 2001, 148(1): A1-A6.

[123] GUPTA V, GUPTA S, MIURA N. Al-substituted alpha-cobalt hydroxide synthesized by potentiostatic deposition method as an electrode material for redox-supercapacitors [J]. J Power Sources, 2008, 177(2): 685-689.

[124] ZHOU W J, XU M W, ZHAO D D, et al. Electrodeposition and characterization of ordered mesoporous cobalt hydroxide films on different substrates for supercapacitors [J]. Micropor Mesopor Mat, 2009, 117(1-2): 55-60.

[125] CASTRO E B, REAL S G, DICK L F P. Electrochemical characterization of porous nickel-cobalt oxide electrodes [J]. Int J Hydrogen Energ, 2004, 29(3): 255-261.

[126] GUPTA V, KAWAGUCHI T, MIURA N. Synthesis and electrochemical behavior of nanostructured cauliflower-shape Co-Ni/Co-Ni oxides composites [J]. Mater Res Bull, 2009, 44(1): 202-206.

[127] WANG Y G, XIA Y Y. Electrochemical capacitance characterization of NiO with ordered mesoporous structure synthesized by template SBA-15 [J]. Electrochim Acta, 2006, 51(16): 3223-3227.

[128] CHENG J, CAO G P, YANG Y S. Characterization of sol-gel-derived NiO_x xerogels as supercapacitors [J]. J Power Sources, 2006, 159(1): 734-741.

[129] FAN Z, CHEN J, CUI K, et al. Preparation and capacitive properties of cobalt–nickel oxides/carbon nanotube composites [J]. Electrochim Acta, 2007, 52(9): 2959-2965.

[130] WANG D W, LI F, LIU M, et al. 3D aperiodic hierarchical porous graphitic carbon material for high-rate electrochemical capacitive energy storage [J]. Angew Chem Int Edit, 2008, 47(2): 373-376.

[131] CAO C Y, GUO W, CUI Z M, et al. Microwave-assisted gas/liquid interfacial synthesis of flowerlike

NiO hollow nanosphere precursors and their application as supercapacitor electrodes [J]. J Mater Chem, 2011, 21(9): 3204-3209.

[132] WANG J, MA K, ZHANG J, LIU F, et al. Template-free synthesis of hierarchical hollow NiS_x microspheres for supercapacitor [J]. J Colloid Interface Sci, 2017, 507: 290-299.

[133] ZHANG Q, MEI L, CAO X, et al. Intercalation and exfoliation chemistries of transition metal dichalcogenides [J]. J Mater Chem A, 2020, 8(31): 15417-15444.

[134] LI R, WANG S, HUANG Z, et al. $NiCo_2S_4$@$Co(OH)_2$ core-shell nanotube arrays in situ grown on Ni foam for high performances asymmetric supercapacitors [J]. J Power Sources, 2016, 312: 156-164.

[135] GENG P, ZHENG S, TANG H, R. et al. Transition metal sulfides based on graphene for electrochemical energy storage[J]. Adv Energy Mater, 2018, 8 (15): 1703259.

[136] LU Y, LI B, ZHENG S, et al. Syntheses and energy storage applications of M_xS_y (M = Cu, Ag, Au) and their composites: rechargeable batteries and supercapacitors [J]. Adv Funct Mater, 2017, 27(44): 1703949.

[137] RUI X, TAN H, YAN Q. Nanostructured metal sulfides for energy storage [J]. Nanoscale, 2014, 6 (17): 9889-9924.

[138] SMYTH C M, ADDOU R, MCDONNELL S, et al. Contact metal MoS_2 interfacial reactions and potential implications on MoS_2-based device performance [J]. J Phys Chem C, 2016, 120 (27): 14719-14729.

[139] BISSETT M A, WORRALL S D, KINLOCH I A, et al. Comparison of two dimensional transition metal dichalcogenides for electrochemical supercapacitors [J]. Electrochim Acta, 2016, 201: 30-37.

[140] ACERCE M, VOIRY D, CHHOWALLA M. Metallic 1T phase MoS_2 nanosheets as supercapacitor electrode materials [J]. Nat Nanotech, 2015, 10 (4): 313-318.

[141] HABIB M, KHALIL A, MUHAMMAD Z, et al. WX_2(X = S, Se) single crystals: a highly stable material for supercapacitor applications [J]. Electrochim Acta, 2017, 258: 71-79.

[142] XIA D, GONG F, PEI X, et al. Molybdenum and tungsten disulfides-based nanocomposite films for energy storage and conversion: a review [J]. Chem Eng J, 2018, 348: 908-928.

[143] TU C C, LIN L Y, XIAO B C, et al. Highly efficient supercapacitor electrode with two-dimensional tungsten disulfide and reduced graphene oxide hybrid nanosheets [J]. J Power Sources, 2016, 320: 78-85.

[144] SUN C, MA M, YANG J, et al. Phase-controlled synthesis of α-NiS nanoparticles confined in carbon nanorods for high performance supercapacitors [J]. Sci Rep, 2014, 4: 7054.

[145] TAN Y, XUE W D, ZHANG Y, et al. Solvothermal synthesis of hierarchical α-NiS particles as battery-type electrode materials for hybrid supercapacitors [J]. J Alloys Compd, 2019, 806: 1068-1076.

[146] POTHU R, BOLAGAM R, WANG Q H, et al. Nickel sulfide-based energy storage materials for high-performance electrochemical capacitors [J]. Rare Metals, 2021, 40 (2): 353-373.

[147] JIN W, MADURAIVEERAN G. Recent advances of porous transition metal-based nanomaterials for electrochemical energy conversion and storage applications [J]. Mater Today Energy, 2019, 13: 64-84.

[148] BHAGWAN J, HAN J I, Promotive effect of MWCNTs on α-NiS microstructure and their application in aqueous asymmetric supercapacitor [J]. Energy Fuels, 2022, 36(24): 15210-15220.

[149] QIU L R, YANG W S, ZHAO Q, et al. NiS nanoflake-coated carbon nanofiber electrodes for supercapacitors [J]. ACS Appl Nano Mater, 2022, 5(5): 6192-6200.

[150] WU B X, QIAN H, NIE Z W, et al. Ni₃S₂ nanorods growing directly on Ni foam for all-solid-state asymmetric supercapacitor and efficient overall water splitting [J]. J Energy Chem, 2020, 46: 178-186.

[151] HU Q, ZHANG S T, CHEN F, et al. Controlled synthesis of a high-performance α-NiS/Ni₃S₄ hybrid by a binary synergy of sulfur sources for supercapacitor [J]. J Colloid Interface Sci, 2021, 581: 56-65.

[152] YANG Y, YANG P. Controllable synthesis of hollow prism CoS for supercapacitors application [J]. J Nanosci Nanotechn, 2019, 19(8): 4758-4764.

[153] XU B, PAN L, ZHU Q. Synthesis of Co₃S₄ nanosheets and their superior supercapacitor property [J]. J Mater Eng Perform, 2016, 25(3): 1117-1121.

[154] REDDY P A K, HAN H, KIM K C, et al. Synthesis of ZIF-67-derived CoS₂@graphitic carbon/reduced graphene oxide for supercapacitor application [J]. Chem Eng J, 2023, 471: 144608.

[155] LI J L, LI Q, SUN J, et al. Controlled Preparation of Hollow and Porous Co₉S₈ Microplate Arrays for High-Performance Hybrid Supercapacitors [J]. Inorg Chem, 2020, 59(15): 11174-11183.

[156] WEI F X, LI Y X, WANG H, et al. Comparative research of hierarchical CoS₂@C and Co₃S₄@C nanosheet as advanced supercapacitor electrodes [J]. J Energy Storage, 2023, 60: 106551.

[157] TUNG P D, BABOO J P, SONG J, et al. Facile synthesis of pyrite (FeS₂/C) nanoparticles as an electrode material for non-aqueous hybrid electrochemical capacitors [J]. Nanoscale, 2018, 10(13): 5938-5949.

[158] YU S, NG V M H, WANG F, et al. Synthesis and application of iron-based nanomaterials as anodes of lithium-ion batteries and supercapacitors [J]. J Mater Chem A, 2018, 6(20): 9332-9367.

[159] ZARDKHOSHOUI A M, DAVARANI S S H, ASGHARINEZHAD A A. Designing graphene rapped NiCo₂Se₄ microspheres with petal-like FeS₂ toward flexible asymmetric all-solid-state supercapacitors [J]. Dalton Trans, 2019, 48(13): 4274-4282.

[160] WU J, SHI X L, SONG W J, et al. Hierarchically porous hexagonal microsheets constructed by well-interwoven MCo₂S₄ (M = Ni, Fe, Zn) nanotube networks via two-step anion-exchange for high-performance asymmetric supercapacitors [J]. Nano Energy, 2018, 45: 439-447.

[161] ABBASI L, ARVAND M, MOOSAVIFARD S E. Facile template-free synthesis of 3D hierarchical ravine-like interconnected MnCo₂S₄ nanosheet arrays for hybrid energy storage device [J]. Carbon, 2020, 161: 299-308.

[162] ZHANG N, LI Y, XU J, et al. High-performance flexible solid-state asymmetric supercapacitors based on bimetallic transition metal phosphide nanocrystals [J]. ACS Nano, 2019, 13: 10612-10621.

[163] LI X, ELSHAHAWY A M, GUAN C, et al. Metal phosphides and phosphates-based electrodes for electrochemical supercapacitors [J]. Small, 2017, 13: 1701530.

[164] YANG Z, LIU L, WANG X, et al. Stability and electronic structure of the Co-P compounds from first-principle calculations [J]. J Alloys Compd, 2011, 509: 165-171.

[165] ZHAO Y, ZHAO M, DING X, et al. One-step colloid fabrication of nickel phosphides nanoplate/nickel foam hybrid electrode for high-performance asymmetric supercapacitors [J]. Chem Eng J, 2019, 373: 1132-1143.

[166] CARENCO S, PORTEHAULT D, BOISSIERE C, et al. Nanoscaled metal borides and phosphides: recent developments and perspectives [J]. Chem. Rev, 2013, 113: 7981-8065.

[167] WANG D, KONG L B, LIU M C, et al. Amorphous Ni-P materials for high performance pseudocapacitors [J]. J Power Sources, 2015, 274: 1107-1113.

[168] WANG D, KONG L B, LIU M C, et al. An approach to preparing Ni-P with different phases for use as

supercapacitor electrode materials [J]. Chem Eur J, 2015, 21: 17897-17903.

[169] AN C, WANG Y, LI L, et al. Effects of highly crumpled graphene nanosheets on the electrochemical performances of pseudocapacitor electrode materials [J]. Electrochim Acta, 2014, 133: 180-187.

[170] CHEN Z C, SHAN A X, YE H Y, et al. Ultrathin $Ni_{12}P_5$ nanoplates for supercapacitor applications [J]. J Alloys Compd, 2019, 782: 545-555.

[171] DUAN S B, WANG R M. Controlled growth of Au/Ni bimetallic nanocrystals with different nano-structures [J]. Rare Met, 2017, 36: 229-235.

[172] LIU M C, HU Y M, AN W Y, et al. Construction of high electrical conductive nickel phosphide alloys with controllable crystalline phase for advanced energy storage [J]. Electrochim Acta, 2017, 232: 387-395.

[173] HU Y M, LIU M C, HU Y X, et al. Design and synthesis of $Ni_2P/Co_3V_2O_8$ nanocomposite with enhanced electrochemical capacitive properties [J]. Electrochim Acta, 2016, 190: 1041-1049.

[174] JIN Y H, ZHAO C C, WANG L, et al. Preparation of mesoporous Ni2P nanobelts with high performance for electrocatalytic hydrogen evolution and supercapacitor [J]. Int J Hydrog Energy, 2018, 43: 3697-3704.

[175] GAN Y, WANG C, CHEN X, et al. High conductivity $Ni_{12}P_5$ nanowires as high-rate electrode material for battery-supercapacitor hybrid devices [J]. Chem Eng J, 2020, 392: 123661.

[176] WANG Z Q, GAN Y, WANG Y Q, et al. Controlled preparation of $Ni_{12}P_5$ nanostructures with different morphology and their application in supercapacitors [J]. J Energy Storage, 2022, 55: 105378.

[177] SONG W, WU J, WANG G, et al. Rich-mixed-valence $Ni_xCo_{3-x}P_y$ porous nanowires interwelded junction-free 3D network architectures for ultrahigh areal energy density supercapacitors [J]. Adv Funct Mater, 2018, 28: 1804620.

[178] DANG T, ZHANG G, LI Q, et al. Ultrathin hetero-nanosheets assembled hollow Ni-Co-P/C for hybrid supercapacitors with enhanced rate capability and cyclic stability [J]. J Colloid Interface Sci, 2020, 577: 368-378.

[179] HU Y, LIU M, YANG Q, et al. Facile synthesis of high electricalconductive CoP via solid-state synthetic routes for supercapacitors [J]. J Energy Chem, 2017, 26: 49-55.

[180] HAN R X, GUAN L X, ZHANG S, et al. Boosted cycling stability of CoP nano-needles based hybrid supercapacitor with high energy density upon surface phosphorization [J]. Electrochim Acta, 2021, 368: 137690.

[181] ZHANG Z G, WEI Z C, WANG F, et al. In-situ generated Co_2P nanoparticle-embedded porous carbon membrane as an advanced hybrid electrode for high-areal-capacitance supercapacitors [J]. J Power Sources, 2023, 581: 233486.

[182] TAHMASEBI Z, ZARDKHOSHOUI A M, DAVARANI S S H. Formation of graphene encapsulated cobalt–iron phosphide nanoneedles as an attractive electrocatalyst for overall water splitting [J]. Catal Sci Technol, 2021, 11: 1814-1826.

[183] WU L, YU L, ZHANG F, et al. Heterogeneous Bimetallic Phosphide Ni_2P-Fe_2P as an Efficient Bifunctional Catalyst for Water/Seawater Splitting [J]. Adv Funct Mater, 2021, 31: 2006484.

[184] LIANG B L, ZHENG Z, RETANA M, et al. Synthesis of FeP nanotube arrays as negative electrode for solid-state asymmetric supercapacitor [J]. Nanotechnology, 2019, 30: 295401.

[185] ZHANG N, LI Y, XU J, et al. High-performance flexible solid-state asymmetric supercapacitors based

on bimetallic transition metal phosphide nanocrystals [J]. ACS Nano, 2019, 13: 10612-10621.
[186] ZHOU X, DAI H, HUANG X, et al. Porous trimetallic fluoride Ni-Co-M (M = Mn, Fe, Cu, Zn) nanoprisms as electrodes for asymmetric supercapacitors [J]. Mater Today Energy, 2020, 17: 100429.
[187] WANG M, ZHONG J, ZHU Z, et al. Hollow NiCoP nanocubes derived from a Prussian blue analogue self-template for highperformance supercapacitors [J]. J Alloys Compd, 2022, 893: 162344.
[188] LI S, HUA M, YANG Y, et al. Self-supported multidimensional Ni-Fe phosphide networks with holey nanosheets for high-performance all-solid-state supercapacitors [J]. J Mater Chem A, 2019, 7(29): 17386-17399.
[189] ZHANG X, ZHANG L, XU G, et al. Template synthesis of structure-controlled 3D hollow nickel-cobalt phosphides microcubes for high performance supercapacitors [J]. J Colloid Interface Sci, 2020, 561: 23-31.
[190] LI J H, LIU Z, ZHANG Q B et al. Anion and cation substitution in transition-metal oxides nanosheets for high-performance hybrid supercapacitors [J]. Nano Energy, 2019, 57: 22-33.

第2章
石墨烯/无定形 α-MnO_2 复合电极材料

2.1 引言

　　基于电解液和多孔电极之间的界面双电层的超级电容器近几年吸引了广大研究者的关注[1]。常见的超级电容器可分为两种，一种是基于碳材料的双电层电容器，另一种是基于金属氧化物或聚合物的赝电容器[2-4]。双电层电容器是通过在电极材料和电解液之间的界面发生可逆的离子吸附进行储能的，在常用的碳材料中[5]，二维超薄的石墨烯因具有高电导率、低质量密度、超高的理论比表面积（2630 m^2/g）[6,7]等优点而被各个课题组大量研究，但是在合成和制备过程中石墨烯极易发生不可逆的团聚和堆叠以致纯石墨烯的实际电容性能会低于预期值[8]。到目前为止已经报道了许多合成石墨烯或石墨烯基衍生物的方法，包括化学氧化还原法、化学气相沉积法、低温热膨胀法。虽然运用到双电层电容器上的单层石墨烯的比容量目前最高可达 550 F/g[9]，但是对石墨烯的比表面积和孔径分布进行合理的控制仍是一项巨大的挑战[10]。赝电容器主要是在活性物质的表面发生高度可逆的氧化还原反应实现能量的储存，常用的金属氧化物与碳材料相比可以提供更高的比容量，与聚合物相比具有更优秀的循环性能。在众多金属氧化物中，二氧化锰由于低成本、资源丰富、低毒性以及较高的理论比容量（1370 F/g）[11]等特性成为研究热点，但是二氧化锰较低的电导率在某种程度上影响了其在超级电容器中的使用[7]。

为了实现既具有高容量又具有低内阻的优秀超级电容器，将石墨烯与二氧化锰进行有效的复合成为了一种理想的解决方法[12-14]。近几年的文献报道主要集中在如何制备纳米结构的复合材料，而且使用的电解液一般呈中性水系电解液。例如，Chen 等[15]报道了一种无水乙醇辅助的石墨烯还原法制备石墨烯/二氧化锰复合物，在 3 mol/L KCl 电解液中比容量最大可达 365 F/g；Mao 课题组[16]运用原位化学混合的方法制备了石墨烯/二氧化锰复合物，当电化学测试的电解液为 0.1 mol/L K_2SO_4 时，其比容量为 280 F/g；Kim 等[6]通过化学还原法制备了石墨烯/二氧化锰复合电极材料，在 1 mol/L Na_2SO_4 水溶液中此电极的比容量为 327.5 F/g。本章中我们在常温下运用简单的共沉淀法制备了石墨烯/二氧化锰复合材料，并在 1 mol/L KOH 的电解液下观察其电化学性能，这种制备方法主要呈现了以下优点：①省时；②低成本和低毒性；③较水热法相比简单；④成分控制简单；⑤产物的生产率高，大于 90%[17]。更重要的是制备的复合材料是一种潜在的超级电容器电极材料。

2.2 电极材料的制备

2.2.1 石墨烯（GNS）的合成

合成氧化石墨烯采用的是经典的 Hummer 方法[18,19]，这种方法主要包括低温、中温和高温三个阶段。首先低温阶段，在 75 mL 冰浴的浓硫酸中依次加入 0.75 g 硝酸钠（$NaNO_3$）和 1 g 天然鳞片石墨，搅拌均匀后缓慢地加入 4.5 g 高锰酸钾（$KMnO_4$）（注意：1 h 内少量多次加入，快速加入容易发生爆炸），继续搅拌 2 h；然后将此悬浮液移动到 35 ℃的油浴锅中维持搅拌 24 h 实现中温阶段，此时溶液由黑色逐渐变为黑棕色；最后高温阶段，向此黑棕色的糊状液体中缓慢加入 75 mL 去离子水并保持整体温度在 98 ℃下搅拌半小时，之后依次加入 46 mL 水和 22.5 g 30%的双氧水终止反应。此时，反应物由黑棕色变为金黄色。

产物的处理首先用体积比为 1∶10 的稀盐酸洗涤、离心产物至中性，然后用去离子水少量多次去除杂质，最后在 75 ℃烘箱中烘干 24 h。此时得到的是氧化石墨烯（GO），石墨烯的获取是将 GO 置于烧杯中并用铝箔将烧杯口包好，然后将其放入 200 ℃的烘箱中加热 20 min[20]，在这个过程中我们会观察到产物体积急速膨胀并伴有火花。

2.2.2 GNS/α-MnO_2 复合材料共沉淀合成

复合材料的制备主要使用共沉淀法[21]，与之前合成 MnO_2/R-GO@泡沫镍复合材料的方法类似[22]，将 0.474 g $KMnO_4$ 和适量的 GNS 溶于 60 mL 的 NaOH（2 mmol/L）水溶液中搅拌 2 h，另外将 0.761 g $MnSO_4·H_2O$ 粉体溶于 60 mL 水中同样搅拌 2 h，然后将 $MnSO_4·H_2O$ 溶液逐滴加入到 $KMnO_4$ 溶液中，观察到立刻有棕色沉淀生成，持续搅拌 8 h，抽滤收集产物并将其置于 75 ℃烘箱中烘干 24 h。作为对比，石墨烯添加的量是按照与 α-MnO_2 的质量比为 1∶1、1∶2 和 2∶1 进行添加，文中我们分别标记为 GMn-1、GMn-2 和 GMn-3。

2.3 电极片的制备

本文中涉及的电化学测试所用电极片的制备方法均如下：选用合成的电极材料为活性物质，乙炔黑为导电剂，60%的聚四氟乙烯乳液（PTFE）为黏结剂，将活性物质、导电剂和黏结剂按照质量比为 8∶1∶1 进行称量，取几滴二次水滴入玛瑙研钵中。然后使用移液枪吸取适量的 PTFE 乳液滴入二次水中，缓慢地研磨几下使 PTFE 在水中均匀分散，之后将称量好的乙炔黑粉末加入上述的溶液中，研磨 20 min 至溶液基本均匀，再将称量好的活性物质加入并沿同一方向继续研磨至成浆状。用不锈钢刮铲将浆状物涂覆在事先准备好的泡沫镍基底上，一般泡沫镍基底的涂覆面积为 1 cm × 1 cm。最后用锡纸将涂覆电极材料的泡沫镍包好置于压片机上压制，压力表显示压强为 10 MPa 后继续维持 1 min，取出制备好的电极放入 75 ℃的烘箱干燥 24 h。一般活性物质的涂覆质量为 2 mg/cm^2。

2.4 材料的表征

2.4.1 晶相结构表征

石墨烯、纯二氧化锰以及不同质量比的石墨烯/二氧化锰复合材料分别对应的 XRD 对比图谱如图 2.1 所示，对于 GNS 来说，位于 23.4°和 43.3°的衍射峰是由于类石墨层状结构导致的，分别对应（002）和（100）晶面的布拉格反射[16]。二氧化锰整体衍射峰强度较弱，但仍可以辨认，可以确定为无定形 α-MnO_2 相（JCPDS 44-0141）的衍射峰，可见材料的结晶度较低，而且位于 $2\theta=$ 37°和 66.2°的两个衍射峰是 α-MnO_2 的（211）和（002）晶面对应的特征峰。此外，α-MnO_2 的主峰的峰宽较宽，意味着材料颗粒较小。GMn-1 的 XRD 测试结果，很明显 GMn-1 不仅保留了无定形 α-MnO_2 的两个特征峰，而且位于 23.4°的衍射峰也变得清晰可见，表明层间距为 0.37 nm 的石墨烯存在于 GMn-1 中[23]。对于 GMn-2，无定形 α-MnO_2 的两个特征峰可以明显地看到，而位于 43.3°的石墨烯特征峰很小但基本可以察觉，这说明石墨烯的表面被大量的二氧化锰覆盖。随着添加石墨烯的量越来越多，GMn-3 的 XRD 图谱中位于 43.5°的 GNS 的特征峰越来越明显，这也说明在 GMn-3 中石墨烯占主导地位。这些结果与扫描电子显微镜（SEM）的测试结果相吻合。

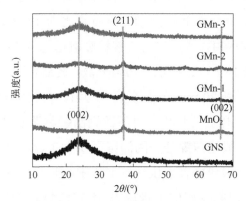

图 2.1　GNS、MnO_2、GMn-1、GMn-2 和 GMn-3 对应的 XRD 对比图谱

2.4.2 形貌表征

(1) 扫描电子显微镜 (SEM) 表征

利用扫描电子显微镜 (SEM) 观察5种合成材料的形貌变化。从图2.2 (a) 中可以看到 GNS 褶皱、弯曲的缠绕在一起形成一种有利于电解液离子传输和扩散的层状结构，而且层与层之间互相堆叠形成许多大孔，从离子迁移的角度来考虑，这种结构非常有利于提高超级电容器的电化学性能。图2.2 (b) 中的 α-MnO_2 呈球形颗粒，不同颗粒之间互相连接形成简单的有利于离子快速迁移的带孔三维骨架，而且球形颗粒的粒径范围在 100~300 nm 之间，是典型的纳米材料。图2.2 (c)~(e) 显示的是 GMn-3、GMn-2 和 GMn-1 形貌特征的 SEM 照片，可以清楚地看出 GMn-3 复合材料由于含有 MnO_2 的量比较少，因此 GNS 表面只覆盖了少量的 MnO_2 纳米颗粒，同样只有少部分的 MnO_2 纳米颗粒可以进入到 GNS 的孔道中，所以 GNS 的层状结构在电化学过程中没有 MnO_2 纳米颗粒的支撑容易发生坍塌，从而影响 GMn-3 复合材料的整体赝电容性能。相反，GMn-2 复合材料中包含大量的 MnO_2 纳米颗粒，GNS 几乎完全被包覆，以至于大量的 MnO_2 纳米颗粒"锁住"了 GNS 的孔道，因此在电化学测试中，尤其是高扫描速率下，电解液中的离子不能轻易地进入到空隙中，从而降低了 GMn-2 复合材料的电化学性能。图2.2 (e)~(f) 为 GMn-1 复合材料在不同放大倍数下的 SEM 照片，可以看出 MnO_2 纳米颗粒同样附着在 GNS 的表面上，而且 GNS 以外的地方几乎没有多余的 MnO_2 纳米颗粒，说明 MnO_2 纳米颗粒和 GNS 之间的复合比例较合理，这既有利于双电层电容的发挥，又有利于赝电容行为的表现。

图2.2

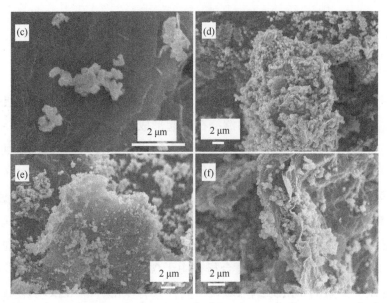

图 2.2 （a）纯 GNS、（b）MnO₂、（c）GMn-3、（d）GMn-2、（e）和（f）GMn-1 的 SEM 照片

（2）透射电子显微镜（TEM）表征

图 2.3（a）为 GNS 的低倍透射电子显微镜照片，GNS 呈片状褶皱结构，褶皱是因为 GNS 表面和边缘的含氧官能团通过范德华力使得 GNS 团聚到一起[24]。从图 2.3（b）可以看出在 GNS 表面均匀地附着了 MnO₂ 颗粒，GNS 和 MnO₂ 之间存在着较强的化学结合力，而不是简单的附着力。所以选择合适的反应条件对于合成方法至关重要。

图 2.3 （a）GNS 和（b）GMn-1 的 TEM 照片

GMn-1、GMn-2 和 GMn-3 三种复合材料的氮气吸附脱附曲线如图 2.4（a）所示，所有的曲线都显示为典型的Ⅳ型等温曲线，而且在中高压区（$p/p_0 = 0.4 \sim$

0.9）吸附与脱附曲线之间有明显的回滞环，表明所有制备的复合材料中都存在介孔[25]。介孔结构在电化学反应过程中有利于 K^+ 的扩散以及电极与电解液之间的有效接触[26]。通过 BET 方法计算 GMn-1、GMn-2 和 GMn-3 三者的比表面积分别为 174 m^2/g、118 m^2/g 和 153 m^2/g。GMn-2 和 GMn-3 的孔体积分别是 0.43 cm^3/g 和 0.84 cm^3/g，而 GMn-1 的孔体积高于前两者，是 1.13 cm^3/g。相应的数据如表 2.1 所示。

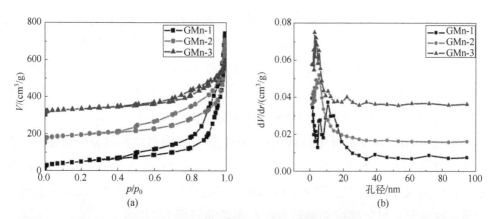

图 2.4　石墨烯与二氧化锰三种复合材料的（a）氮气吸附脱附曲线（b）相应的孔径分布

表 2.1　三种复合材料的比表面积、孔体积、平均孔径及 BJH 孔径分布

样品名称	BET 比表面积 /(m^2/g)	总孔体积 /(cm^3/g)	平均孔径 /nm	BJH 孔径分布峰值 /nm
GMn-1	174	1.13	25.9	2.42
GMn-2	118	0.43	14.5	10.58
GMn-3	153	0.84	21.9	5.42

此外，MnO_2 颗粒越多，对 GNS 平均的孔径填充就越严重，比表面积和孔体积也会越小[27]。从图 2.4（b）所有孔径分布曲线来看，三种材料的孔径基本分布在 2～15 nm，对于 GMn-2 来说主要集中在 10.58 nm，GMn-3 主要集中在 5.42 nm。有趣的是，GMn-1 的孔径分布主要集中在 2.42 nm，与 GMn-2 和 GMn-3 相比较小。根据文献报道，当孔径分布在 0.8～5.0 nm 之间时最有利于提高赝电容和双电层电容性能[28]，所以 GMn-1 是超级电容器中极具潜力的电极材料。此外，GMn-1 的孔径除了集中在 2.42 nm 以外，还主要集中在 21.2 nm，这可能是因为生成的气体在释放过程中使得 GMn-1 形成较大的开孔体系。

图 2.5（a）给出了 GNS、MnO_2 以及 $G-MnO_2$ 复合材料（GMn-1、GMn-2、GMn-3）等五种对比电极材料的红外光谱图。在 MnO_2 谱图中，$3342\ cm^{-1}$ 处出现的吸收峰是由于层间或表面存在的 H—O—H 伸缩振动引起的，对于 GNS 和 $G-MnO_2$ 复合材料的红外光谱，在 $1725\ cm^{-1}$ 和 $1567\ cm^{-1}$ 处分别出现了 C=O 和 C=C 伸缩振动吸收峰[29]，正是由于石墨烯中有这些官能团的存在，复合材料中的 GNS 和 MnO_2 之间才可以通过氢键紧密地结合在一起，在 $1211\ cm^{-1}$ 出现的吸收峰归因于 C—O 官能团的伸缩振动吸收峰。在 MnO_2 谱图中并未出现上述官能团对应的吸收峰。除此以外，在 $G-MnO_2$ 复合材料的红外光谱中，不仅出现了石墨烯的特征吸收峰，在 $597\ cm^{-1}$ 和 $514\ cm^{-1}$ 也出现了两个新的吸收峰，这两个吸收峰分别是由于 Mn—O—Mn 和 Mn—O 伸缩振动引起的，这说明制备的 $G-MnO_2$ 复合材料中 GNS 和 MnO_2 之间存在着相互作用。

图 2.5（b）为五种对比材料通过 XPS 进行表面测试的组分分析图谱，在 GNS 谱图中只有两种元素的特征信号，分别是 C 和 O。而在 MnO_2 以及 $G-MnO_2$ 复合材料的 XPS 光谱中，除了有碳与氧元素的信号，还出现了 Mn 元素的特征信号，这表明二氧化锰成功地附着在石墨烯的表面上[30]。

图 2.5（c）显示的是 MnO_2 和 $G-MnO_2$ 复合材料的 Mn 2p 图谱，可以看出含有 MnO_2 的这四种材料都包含两个发射峰，其电子结合能位于 $653.4\ eV$ 和 $641.7\ eV$，分别对应自旋轨道 Mn $2p_{1/2}$ 和 Mn $2p_{3/2}$，自旋轨道的结合能间隔为 $11.7\ eV$，这与之前报道的 MnO_2 的结果相吻合，而且也表明了 Mn 在这些材料中呈四价[6]。同时也对 $G-MnO_2$ 三种复合材料的 O 1s 能谱峰进行表征并对其逐一进行分峰处理，见图 2.5（d）～（f）。O 1s 能谱峰都可以分成三个峰，其中由剩余的结构水引起的 H—O—H 组分的结合能在 GMn-1、GMn-2 和 GMn-3 复合材料中分别位于 $532.42\ eV$、$533.09\ eV$ 和 $533.37\ eV$，基于水合的三价氧化物的 Mn—O—H 组分的结合能在三种复合材料中分别位于 $531.15\ eV$、$531.4\ eV$ 和 $531.56\ eV$，基于四价氧化物的 Mn—O—Mn 组分的结合能在三种复合材料中分别位于 $529.7\ eV$、$529.94\ eV$ 和 $529.92\ eV$。这些结果与之前文献报道的结果相吻合，结合 Mn—O—H 和 Mn—O—Mn 的峰面积可以计算 GMn-1 复合材料中锰的平均价态为 3.78，说明制备的 GMn-1 复合材料既包含三价锰又包含四价锰。根据文献报道可知，两种价态锰的同时存在可以促进更多的离子缺陷的形成，从而能够更有效地实现储能[31,32]。

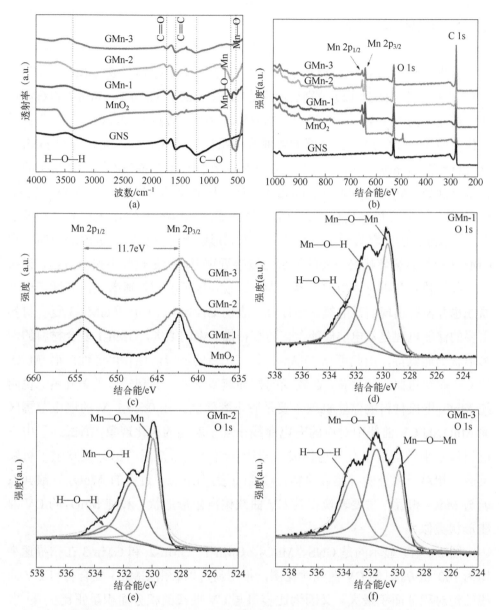

图 2.5 GNS、MnO₂ 以及 G-MnO₂ 复合材料等五种对比材料的（a）FTIR 和（b）XPS 图谱，（c）是 MnO₂ 以及 G-MnO₂ 等复合材料的 Mn 2p 图谱，（d）~（f）分别是 GMn-1、GMn-2 和 GMn-3 对应的 O 1s 图谱

2.5　电化学性能测试

首先对制备五种电极材料进行的电化学测试是循环伏安测试，见图2.6（a）～（e），从（a）到（e）分别显示的是GNS、MnO_2、GMn-1、GMn-2和GMn-3在扫描速率为10 mV/s、30 mV/s、50 mV/s、100 mV/s和200 mV/s下对应的循环伏安曲线（CV曲线）。根据CV曲线按照第1章式（1.1）可以计算GMn-1复合材料在10 mV/s下的比容量为252 F/g，在同样的扫描速率下，GMn-1的比容量分别是GMn-2、GMn-3、GNS和MnO_2比容量的3.3、1.6、1.5和4.7倍，可见GMn-1复合材料具有较高的电化学性能，GMn-3和GNS的比容量相差不大，纯MnO_2的比容量最小。此外，从宏观形状上可以看出，GNS、GMn-1和GMn-3等材料循环伏安曲线的形状比较接近矩形，但是也并不完全对称，说明这三种材料具有相对理想的电容行为，即使在较低的扫描速率下，其循环伏安曲线也并没有出现明显的氧化还原峰，表明GNS、GMn-1和GMn-3复合材料主要的储能机理是双电层储能[33]。随着扫描速率的增大，GMn-1复合材料的矩形形状仍能保持，由此可见GMn-1具有优良的反应活性和可逆性。而MnO_2的CV曲线扭曲比较严重，在较低的扫描速率下可以看到较弱的氧化峰，说明纯MnO_2电极材料的储能机理主要是赝电容储能。在0～0.1 V的电压范围区间MnO_2的CV曲线中对应的充电曲线出现了明显的极化现象，测试过程中三电极体系中铂电极也有气泡生成，表明在这个电压范围内铂电极发生了析氢反应。相对于另外两种复合材料，GMn-2因为附着了过多的MnO_2导致其性能与MnO_2相近，主要表现在其CV曲线偏离矩形形状，和纯MnO_2的CV曲线形状类似。

图2.6（f）显示的是GNS、MnO_2、GMn-1、GMn-2和GMn-3在扫描速率均为100 mV/s时的CV曲线对比图，很明显可以看出GMn-1复合材料CV曲线的绝对积分面积最大，又因为比容量与CV曲线的积分面积呈正比关系[34]，所以GMn-1复合材料的比容量最大，这与之前通过公式计算的结果相吻合。GMn-1和GMn-3这两种复合材料的CV曲线面积都比GNS的CV曲线面积大，即GMn-1和GMn-3的电化学性能都优于GNS，说明MnO_2的引入确实可以提高材料的电容性能，而GMn-2复合材料的电化学性能很差，这主要是因为：

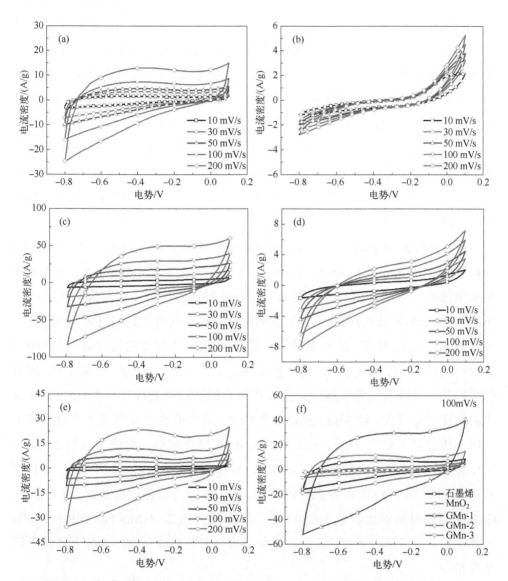

图 2.6 （a）GNS、（b）MnO₂、（c）GMn-1、（d）GMn-2、（e）GMn-3 在不同扫描速率下的循环伏安曲线；（f）五种电极材料在扫描速率为 100 mV/s 下的循环伏安对比图

①过多的负载 MnO_2 使得石墨烯的高电导率性能无法发挥，从而降低整体材料的导电性[35]；②从孔径分布的数据可以看出 GMn-2 复合材料的孔径基本集中在大孔这个数量级，而且比表面积也较小，这大大地影响了材料的电化学性能。这些结果说明 GMn-1 复合材料在超级电容器的运用中是比较有潜力的。另外，在这些复合材料中，石墨烯不仅为二氧化锰的附着提供了有效的基底作用，而且还为电子传导提供了传输通道，因此接触良好的 GNS 和 MnO_2 的复合材料是非常有利于电子快速地通过整个电极材料并完成储能。所以 GMn-1 复合材料具有良好的电化学性能归因于：①GNS 与 MnO_2 的质量比达到了最佳配比；②GNS 与 MnO_2 之间的接触作用并非之前文献报道的静电吸附，而是较强的化学相互作用力，因此 GMn-1 复合材料在超级电容器中的应用具有潜在的优势。

循环伏安测试之后，下一步对制备的电极进行恒流充放电测试[36]。图 2.7（a）为 GNS、MnO_2、GMn-1、GMn-2 和 GMn-3 在电流密度为 1 A/g 下的恒流充放电曲线，很明显所有的曲线基本呈线性对称的特性，而且没有明显的电压降（I-R drop），这说明这五种制备的电极材料都具有优秀的电化学可逆性和快速的电流-电压效应。从放电时长可以看出 GMn-1 的放电时间最长，GMn-3 复合材料其次，纯 MnO_2 的放电时间最短，又因为在恒流充放电曲线中，放电时间越长，对应的比容量越大，所以在制备的这五种电极材料中 GMn-1 复合材料的比容量最大，纯 MnO_2 的比容量最小。具体的比容量数值大小根据放电曲线并通过第 1 章式（1.3）可以计算 GMn-1 复合材料在电流密度为 1 A/g 时的比容量为 367 F/g，这比 GNS（201 F/g）、MnO_2（79 F/g）、GMn-2（115 F/g）和 GMn-3（256 F/g）的比容量数值都高，当实际的电流密度增加到 1.5 A/g 时，GMn-1 复合材料的比容量为 280 F/g，分别是 GMn-2、GMn-3、GNS 和 MnO_2 比容量的 5.1、1.7、1.6 和 7.3 倍，这个结果与 CV 曲线在 10 mV/s 下测试的结果很相似。

倍率性能也是超级电容器电极材料的一个重要参考指标。图 2.7（b）显示的是 GNS、MnO_2、GMn-1、GMn-2 和 GMn-3 在不同电流密度下的倍率性能，其中 GMn-1 复合材料在电流密度为 1 A/g、2 A/g、5 A/g 和 10 A/g 下的比容量分别为 367 F/g、209 F/g、171 F/g 和 148 F/g。观察所有倍率曲线的走势，发现所有材料随着电流密度的不断增大比容量逐渐降低，这是由于在较高电流密度下只有限的离子可以进行迁移并进入到电极材料的孔道中，因此引起电荷转移内阻的快速增大，从而降低了比容量。当电流密度从 1 A/g 增大到 2 A/g 时，GMn-3 和 GNS 的电容保持率分别为 55.4%和 81.5%，说明石墨烯的含量增大时，复合材料的倍率性能确实有所提高。在同样的电流密度增大的情况下 MnO_2 的倍率性能是 31.6%，GMn-2 的倍率性能与 MnO_2 相近，这主要是由于 MnO_2 在较大的电流下结构会发生不理想的坍塌，从而阻碍了储能过程[37]，GMn-2 复合材料中含有大量的 MnO_2，所以倍率性能并不令人满意。相比较上述电极材料，GMn-1 在电流密度增大至原来的 10 倍时，比容量的保持率维持在 40.3%，说明 GMn-1 具有较低的导电率和缓慢的扩散/迁移特性。

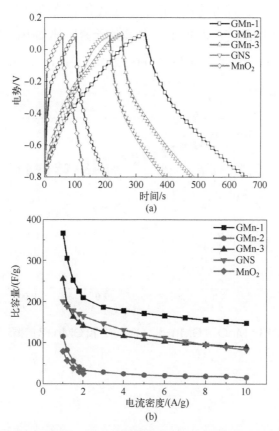

图 2.7 制备的五种电极材料在（a）电流密度为 1 A/g 时的恒流充放电曲线对比图和（b）不同电流密度下的倍率对比图

循环性能是考察超级电容器电极材料的另一个非常重要的参考指标。本章我们对 GNS、MnO_2、GMn-1、GMn-2 和 GMn-3 等五种电极材料在电压范围为 -0.8 V 至 0.1 V，扫描速率为 30 mV/s 下进行 1000 次循环伏安测试，测试结果如图 2.8 所示。很明显，这五种电极材料的比容量在开始的 300 次循环快速的衰减，这主要是由于在 KOH 电解液中 Mn 离子缓慢地溶解造成质量损失[38]，这也是纯 MnO_2 在碱性条件下循环性能较差的主要原因之一。经过 1000 次循环后，GNS、MnO_2、GMn-1、GMn-2 和 GMn-3 的比容量的保持率分别是 77.4%、34%、73.9%、46.1% 和 79.1%，可见 GNS、GMn-1 和 GMn-3 的循环性能相差不多，复合材料的这种合理的循环性能是由石墨烯的双电层行为和 MnO_2 以赝电容为主的电化学行为的协同作用导致的。此外，MnO_2 在碱性电解液下的循环性能可以通过以下三种方法进行改善：①优化石墨烯的质量和电导率；②提高 MnO_2 的结构和结晶度；③掺杂一些其他元素，比如 Bi、Pb 等元素[39]。综上所述，本章介绍的 GMn-1 复合材料在超级电容器的运用上具有潜在的应用价值。

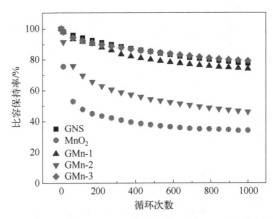

图 2.8　GNS、MnO_2、GMn-1、GMn-2 和 GMn-3 的循环性能对比图

参考文献

[1] ZHU J Y, HE J H. Facile synthesis of graphene-wrapped honeycomb MnO_2 nanospheres and their application in supercapacitors [J]. ACS Appl Mater Inter, 2012, 4(3): 1770-1776.

[2] CHEN H, ZHOU S X, CHEN M, et al. Reduced graphene oxide-MnO_2 hollow sphere hybrid nanostruc-

tures as high-performance electrochemical capacitors [J]. J Mater Chem, 2012, 22(48): 25207-25216.

[3] ZHANG J T, ZHAO X S. A comparative study of electrocapacitive properties of manganese dioxide clusters dispersed on different carbons [J]. Carbon, 2013, 52: 1-9.

[4] BAE J, SONG M K, PARK Y J, et al. Fiber supercapacitors made of nanowire-fiber hybrid structures for wearable/flexible energy storage [J]. Angew Chem Int Ed, 2011, 50(7): 1683-1687.

[5] BECERRIL H A, MAO J, LIU Z, et al. Evaluation of solution-processed reduced graphene oxide films as transparent conductors [J]. ACS Nano, 2008, 2(3): 463-470.

[6] KIM M, HWANG Y, KIM J. Graphene/MnO_2-based composites reduced via different chemical agents for supercapacitors [J]. J Power Sources, 2013, 239: 225-233.

[7] XIONG G P, HEMBRAM K P S S, REIFENBERGER R G, et al. MnO_2-coated graphitic petals for supercapacitor electrodes [J]. J Power Sources, 2013, 227: 254-259.

[8] HE Y M, CHEN W J, LI X D, et al. Freestanding three-dimensional graphene/MnO_2 composite networks as ultra light and flexible supercapacitor electrodes [J]. ACS Nano, 2013, 7(1): 174-182.

[9] SAWANGPHRUK M, SRIMUK P, CHIOCHAN P, et al. High-performance supercapacitor of manganese oxide/reduced graphene oxide nanocomposite coated on flexible carbon fiber paper [J]. Carbon, 2013, 60: 109-116.

[10] ZHANG L L, ZHAO X S. Carbon-based materials as supercapacitor electrodes [J]. Chem Soc Rev, 2009, 38(9): 2520-2531.

[11] WANG J G, YANG Y, HUANG Z H, et al. Effect of temperature on the pseudo-capacitive behavior of freestanding MnO_2@carbon nanofibers composites electrodes in mild electrolyte [J]. J Power Sources, 2013, 224: 86-92.

[12] CHEN S, ZHU J W, WU X D, et al. Graphene oxide-MnO_2 nanocomposites for supercapacitors [J]. ACS Nano, 2010, 4(5): 2822-2830.

[13] TOUPIN M, BROUSSE T, BELANGER D. Charge storage mechanism of MnO_2 electrode used in aqueous electrochemical capacitor [J]. Chem Mater, 2004, 16(16): 3184-3190.

[14] LOKHANDE C D, DUBAL D P, JOO O S. Metal oxide thin film based supercapacitors [J]. Curr Appl Phys, 2011, 11(3): 255-270.

[15] CHEN C Y, FAN C Y, LEE M T, et al. Tightly connected MnO_2-graphene with tunable energy density and power density for supercapacitor applications [J]. J Mater Chem, 2012, 22(16): 7697-7700.

[16] MAO L, ZHANG K, CHAN H S O, et al. Nanostructured MnO_2/graphene composites for supercapacitor electrodes: the effect of morphology, crystallinity and composition [J]. J Mater Chem, 2012, 22(5): 1845-1851.

[17] YAO Y J, XU C, YU S M, et al. Facile synthesis of Mn_3O_4-reduced graphene oxide hybrids for catalytic decomposition of aqueous organics [J]. Ind Eng Chem Res, 2013, 52(10): 3637-3645.

[18] HUMMERS W S. Preparation of graphitic oxide [J]. J Am Chem Soc 1958, 80(6): 1339.

[19] SHEN J F, HU Y H, LI C, et al. Synthesis of amphiphilic graphene nanoplatelets [J]. Small, 2009, 5(1): 82-85.

[20] DU Q L, ZHENG M B, ZHANG L F, et al. Preparation of functionalized graphene sheets by a low-temperature thermal exfoliation approach and their electrochemical supercapacitive behaviors [J]. Electrochim Acta, 2010, 55(12): 3897-3903.

[21] CHENG Y W, LU S T, ZHANG H B, et al. Synergistic effects from graphene and carbon nanotubes enable flexible and robust electrodes for high-performance supercapacitors [J]. Nano Lett, 2012, 12(8): 4206-4211.

[22] LI Y J, WANG G L, YE K, et al. Facile preparation of three-dimensional multilayer porous MnO_2/reduced graphene oxide composite and its supercapacitive performance [J]. J Power Sources, 2014, 271: 582-588.

[23] WU S S, CHEN W F, YAN L F. Fabrication of a 3D MnO_2/graphene hydrogel for high-performance asymmetric supercapacitors [J]. J Mater Chem A, 2014, 2(8): 2765-2772.

[24] DENG L J, ZHU G, WANG J F, et al. Graphene-MnO_2 and graphene asymmetrical electrochemical capacitor with a high energy density in aqueous electrolyte [J]. J Power Sources, 2011, 196(24): 10782-10787.

[25] LI S H, QI L, LU L H, et al. Carbon spheres-assisted strategy to prepare mesoporous manganese dioxide for supercapacitor applications [J]. J Solid State Chem, 2013, 197: 29-37.

[26] SING K S W. Reporting physisorption data for gas/solid systems with special reference to the determination of surface area and porosity [J]. Pure Appl Chem, 1985, 57(4): 603-619.

[27] ZHAO X, ZHANG L L, MURALI S, et al. Incorporation of manganese dioxide within ultraporous activated graphene for high-performance electrochemical capacitors [J]. Acs Nano, 2012, 6(6): 5404-5412.

[28] CAO L, LU M, LI H L. Preparation of mesoporous nanocrystalline Co_3O_4 and its applicability of porosity to the formation of electrochemical capacitance [J]. J Electrochem Soc, 2005, 152(5): A871-A875.

[29] CHEN X Y, CHEN C, ZHANG Z J, et al. Nitrogen-doped porous carbon for supercapacitor with long-term electrochemical stability [J]. J Power Sources, 2013, 230: 50-58.

[30] LI Z P, WANG J Q, LIU X H, et al. Electrostatic layer-by-layer self-assembly multilayer films based on graphene and manganese dioxide sheets as novel electrode materials for supercapacitors [J]. J Mater Chem, 2011, 21(10): 3397-3403.

[31] PANG M J, LONG G H, JIANG S, et al. Rapid synthesis of graphene/amorphous α-MnO_2 composite with enhanced electrochemical performance for electrochemical capacitor [J]. Mater Sci Eng B, 2015, 194: 41-47.

[32] BANERJEE D, NESBITT H W. XPS study of dissolution of birnessite by humate with constraints on reaction mechanism [J]. Geochim Cosmochim Ac, 2001, 65(11): 1703-1714.

[33] ZHAI D Y, LI B H, DU H D, et al. The preparation of graphene decorated with manganese dioxide nanoparticles by electrostatic adsorption for use in supercapacitors [J]. Carbon, 2012, 50(14): 5034-5043.

[34] SUN D F, YAN X B, LANG J W, et al. High performance supercapacitor electrode based on graphene paper via flame-induced reduction of graphene oxide paper [J]. J Power Sources, 2013, 222: 52-58.

[35] ZHANG J T, JIANG J W, ZHAO X S. Synthesis and capacitive properties of manganese oxide nanosheets dispersed on functionalized graphene sheets [J]. J Phys Chem C, 2011, 115(14): 6448-6454.

[36] BAHLOUL A, NESSARK B, BRIOT E, et al. Polypyrrole-covered MnO_2 as electrode material for supercapacitor [J]. J Power Sources, 2013, 240: 267-272.

[37] SUMBOJA A, FOO C Y, WANG X, et al. Large areal mass, flexible and free-standing reduced graphene oxide/manganese dioxide paper for asymmetric supercapacitor device [J]. Adv Mater, 2013, 25(20): 2809-2815.
[38] ROBERTS A J, SLADE R C T. Performance loss of aqueous MnO_2/carbon supercapacitors at elevated temperature: cycling vs. storage [J]. J Mater Chem A, 2013, 1(45): 14140-14146.
[39] SAJDL B, MICKA K. Study of the rechargeable manganese dioxide electrode [J]. Electrochim Acta, 1995, 40(12): 2005-2011.

第3章
分级 δ-MnO$_2$ 纳米片

3.1 引言

随着人类社会的发展，大量的可持续再生能源快速地出现，比如风能、太阳能等。电化学储能体系，如高能量密度的锂离子电池和高功率密度的超级电容器，也不断引起人们的注意[1-3]，而通过发生高度可逆的氧化还原反应进行储能的赝电容器由于具有较高的比容量成为研究者们研究的热点之一[4]，而目前研究最为广泛的赝电容电极材料是锰的氧化物[5]。基于[MnO$_6$]为主体的八面体单元通过多种方式连接使得二氧化锰（MnO$_2$）有很多种晶型，常见的主要包括α、β、γ、δ、λ 和 ε 型[6]。在这些二氧化锰当中，具有 2D 层状结构的水钠锰矿（Birnessite）型的二氧化锰，常被记作 δ-MnO$_2$，因为在中性水溶液中具有良好的电化学性能而被大家广泛研究，这种独一无二的类似水黑锰矿的二维层状结构更有利于电解液中的离子快速地扩散到电极材料中，从而得到更高的比容量[7]。近年来，有大量的文献报道了许多合成 δ-MnO$_2$ 的方法或技术，例如，Kim 课题组[8]通过的氧化还原沉积法成功地在碳化硅微球上附着了 Birnessite 型 MnO$_2$，这种电极材料在扫描速率为 10 mV/s 下的比容量为 251.3 F/g；Vargas 等[9]报道 Birnessite 型 MnO$_2$ 纳米线可以通过水热条件进行合成，其在 0.5 mol/L Na$_2$SO$_4$ 水溶液中的比容量为 191 F/g；Brousse 课题组[10]利用溶胶-凝胶法合成的 Birnessite 型 MnO$_2$ 电极在 0.1 mol/L K$_2$SO$_4$ 水溶液中的比容量可达 110 F/g；Ming 等[11]应用微波辅助水热法制备了具有层状结构的 Birnessite 型 MnO$_2$ 纳米球，其比容量在 1 mol/L Na$_2$SO$_4$ 水溶液中为 210 F/g。虽然已经有许多种有效的化学方法可制备 δ-MnO$_2$ 纳米材料，但是由于其快速的、不可控的生长过程，导致合成具有较低的等效串联内阻和电荷转移内阻的多孔结构的 δ-MnO$_2$ 仍是一项严峻的挑战[12]。

本章主要介绍一种通过低温一步螯合水溶液法将 δ-MnO$_2$ 纳米片直接生长在泡沫镍基底上的制备方法。这种巧妙的实验设计主要有两大优点：①使用多孔泡沫镍基底作为集流体，这样可以将电极和电解液之间的接触面积最大化；②合成的三维的分层、多孔并相互交错的 δ-MnO$_2$ 纳米片电极没有导电剂和黏结剂，因此可以提供更大的有利于电荷转移的有效比表面积。此外，制备的 δ-MnO$_2$ 电极应用到超级电容器上也表现出了优秀的电化学性能，这为今后合成超级电容器电极材料提供了一种新的思路。

3.2　δ-MnO$_2$ 纳米片的原位生长

泡沫镍的预处理：将已切好固定尺寸的泡沫镍（1 cm × 2 cm）放入丙酮中并超声 30 min 除去泡沫镍上附着的油污，超声功率为 200 W，之后取出泡沫镍，将其再放入 6.0 mol/L 盐酸溶液中浸泡 15 min 来除去泡沫镍表面因氧化生成的 NiO 薄层，最后使用无水乙醇和二次水将处理完的泡沫镍进行反复清洗，之后干燥、备用。

实验过程中所用到的药品和试剂都没有经过二次处理，直接使用。在泡沫镍上原位生长 δ-MnO$_2$ 纳米片的电极（MnNF）制备方法如下：首先将 0.49 g 四水醋酸锰和 1.492 g 乙二胺四乙酸二钠（EDTA）放入 50 mL 的二次水中，并在 30 ℃水浴下维持搅拌 10 min 至溶液呈透明状。随后将预处理好的备用泡沫镍悬挂式浸入反应液中，之后再将 50 mL 浓度为 0.25 mol/L 的氢氧化钠溶液逐滴地滴入到上述透明溶液中，此时溶液会慢慢变黑，同样维持搅拌 10 min 至颜色不发生变化。最后将 50 mL 含有 1.6 g 过硫酸钾的水溶液也逐滴地加入到上述黑色溶液促进溶液内部氧化还原反应的发生，实验过程中溶液都保持在 30 ℃水浴加热，持续搅拌 12 h 后，将附着黑色产物的泡沫镍取出并直接放入有适量二次水的烧杯中，超声清洗 15 min 以便除去泡沫镍表面疏松附着的产物，清洗过的泡沫镍在 80 ℃烘箱中干燥 12 h。作为对比，实验设置了温度变量，即将反应温度分别设置为 30 ℃、40 ℃和 50 ℃，所得产物在本章中分别简写为 MnNF-30、MnNF-40 和 MnNF-50。典型的 MnNF-30 电极的合成示意图如图 3.1 所示。

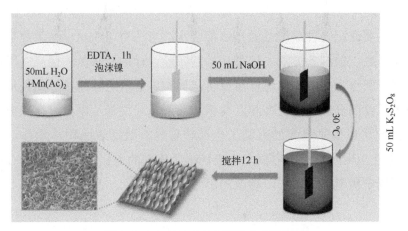

图 3.1　MnNF-30 电极的合成示意图

3.3　反应温度对 MnNF 电极材料生长的影响

从宏观和微观两方面来研究所制备 MnNF 电极的形貌。宏观上主要是拍摄 MnNF 电极的数码照片并从颜色上直接观察，如图 3.2（a）是不同温度下不同反应过程对应的泡沫镍的数码照片。很明显，随着反应温度的不同，MnNF 电极的颜色发生了变化。整体来看，所有螯合生长 δ-MnO_2 纳米片后的电极在超声前颜色都由浅灰色变成黑棕色，泡沫镍表面明显包裹了厚厚的粉体材料。超声后 MnNF 电极上的疏松包裹的粉体材料脱落，电极颜色在 30 ℃、40 ℃和 50 ℃下分别变成了红棕色、浅棕色和灰色。从微观上来看，图 3.2（b）显示的是纯泡沫镍的扫描电子显微镜图，可以看出泡沫镍基底具有一个三维多孔的相互交错的网格结构，这种多孔的骨架结构不仅可以为电解液中离子的传输提供有效的进入通道，而且也缩短了离子的扩散路径[13]，这就是研究者们不论是选集流体还是选生长基底都倾向于泡沫镍的原因。当反应温度为 50 ℃时［图 3.2（c）］，泡沫镍基底的表面上自由地附着了少量的单个 δ-MnO_2 纳米片，并且泡沫镍的表面变的粗糙不平。当反应温度降低到 40 ℃时［图 3.2（d）］，泡沫镍的表面均匀地附着了一层类似花瓣的 δ-MnO_2 纳米片，局部还

会有类似花状的 δ-MnO₂,相邻纳米片组成了许多有利于离子移动的无规则孔道。随着温度继续降低至 30 ℃时,在同样放大倍数的扫描电子显微镜下[图 3.2(e)]可以看到泡沫镍的表面也均匀地附着了一层 δ-MnO_2 纳米片,与 40 ℃下制备的 MnNF 电极不同的是 δ-MnO_2 纳米片的密度更大,相邻纳米片组成的无规则的孔道的尺寸更小。通过更大放大倍数下的扫描电子显微镜照片[图 3.2(f)]可以发现许多 δ-MnO_2 纳米片相互横向连接形成一个高度开阔和多孔的结构,此结构有利于电子在材料中快速地传输,从而提高其电容性能[14]。

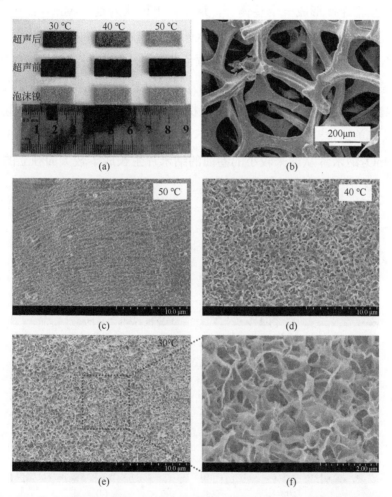

图 3.2 (a)不同反应温度下不同反应过程下对应的 MnNF 电极的数码照片;
(b)纯泡沫镍的 SEM 照片;(c)~(e)在不同温度下泡沫镍表面的 SEM 照片;
(f)框格区域对应的放大倍数 SEM 照片

3.4 MnNF 电极材料的生长机理

为了更进一步理解 30 ℃下 MnNF 电极 MnNF-30 的生长机理，接下来继续研究了在此温度下不同反应时间的扫描电子显微镜，时间间隔分别确定为 30 min、1 h、3 h 和 12 h，其相应的实验结果如图 3.3 所示。在开始反应的 30 min 内，泡沫镍表面均匀地附着了许许多多的 δ-MnO_2 簇，而且这些 δ-MnO_2 簇通过周围的纳米片互相连接形成一个整体[15]，这里简单地认为是 δ-MnO_2 晶核的形成，晶核与晶核之间相互连接。相应的，从图 3.3（a）中的插图可以肉眼看出泡沫镍的颜色由浅灰色变成浅棕色，而且颜色分散并不均匀。随着反应时间延长至 1 h，这些 δ-MnO_2 簇逐渐生长并形成相互连接交错的类花瓣片状，如图 3.3（b）所示，泡沫镍的颜色整体同时变成了红棕色，但仍然可以看到颜色分散不均匀，所以可以简单地推测 1 h 反应进行的不充分，继续延长反应时间，MnNF 电极上的 δ-MnO_2 纳米片从原来较小的卷曲的纳米片生长成了较大的独立的纳米片，

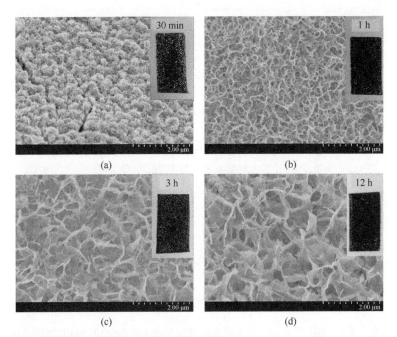

图 3.3 在 30 ℃下不同反应时间对应的形貌结构：（a）30 min；（b）1 h；（c）3 h；（d）12 h。插图为各个反应时间下对应的泡沫镍的数码照片

泡沫镍的颜色也分散较均匀。为了避免由于在较短时间内反应不充分而导致 δ-MnO₂ 纳米片与泡沫镍之间的粘连性强，将反应时间延长至 12 h，其扫描电镜如图 3.3（d）所示，高度均一、稠密的纳米片附着在泡沫镍的所有表面上，这些纳米片交叉连接形成了有序的三维的网络骨架[14]，这种高度开阔的特性为电荷的储存和传送提供了更大、更有效的活性区域，同时也促进离子的扩散，使得 MnNF 电极产生了更高的比容量。

3.5　MnNF 电极材料的结构表征

　　制备的 MnNF-30 电极的晶体结构通过 X 射线衍射进行测试，相应的测试结果如图 3.4 所示，首先在 44.4°和 52.1°出现的非常强的衍射峰分别对应于泡沫镍基底的（111）和（200）晶面，而在 12.5°和 25.2°出现的衍射峰与 Birnessite 型二氧化锰的（001）和（002）晶面匹配，Birnessite 型二氧化锰对应 PDF 80-1098，说明在泡沫镍上附着的确实是为 δ-MnO₂ 纳米片。插图为 10°～40°之间的 XRD 图谱，在 35°～40°之间存在的两个衍射峰分别对应于 δ-MnO₂ 的（200）和（110）晶面，而且放大的衍射峰半峰宽相对较宽，证明 δ-MnO₂ 的结晶度较低[16]。

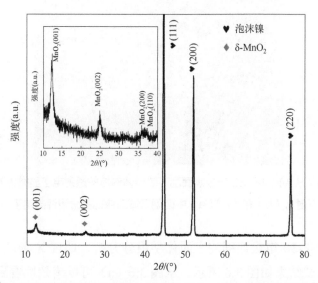

图 3.4　MnNF-30 的 XRD 图谱，插图为 10°～40°之间的放大的 XRD 图谱

为了进一步研究制备电极的微观结构，将 MnNF-30 电极上红棕色产物轻轻刮下并放入无水乙醇中超声进行透射电子显微镜的测试，测试结果如图 3.5 所示。首先可以清楚地看到 δ-MnO$_2$ 纳米片展现出有褶皱的超薄的类花瓣的形貌特征，这也意味着 δ-MnO$_2$ 是一种层状结构[17,18]。图 3.5（a）中的插图是选区电子衍射，清晰可见的衍射环可以说明材料具有多晶的性质[19]，将圆圈区域放大至高分辨可以看到晶格间距分别为 0.69 nm 和 0.256 nm，这与 PDF 80-1098 的（001）和（200）晶面相对应，（001）和（200）晶面的理论晶格间距分别为 0.7 nm 和 0.252 nm，这与上述测试结果基本相近。这些结果与 XRD 的测试结果也相互吻合。

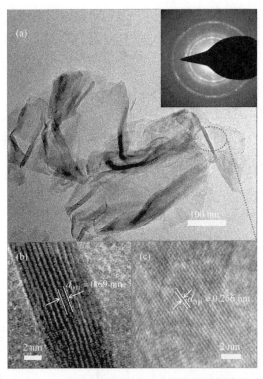

图 3.5 （a）从 MnNF-30 电极表面刮下的粉体对应的透射电子显微镜照片（插图为选区电子衍射）；(b) 和 (c)（a) 中圆圈区域对应的高分辨透射电子显微镜照片

关于 MnNF-30 电极详细的表面化学组分分析，通过 X 射线光电子能谱进一步研究，测试结果如图 3.6 所示。从图 3.6（a）可以清楚地看到 C、Mn 和 O 元素的 XPS 信号，说明 MnO$_2$ 确实附着在泡沫镍的表面。由图 3.6（b）所示的

Mn 2p 图谱，可以看出两个发射峰的电子结合能位于 653.8 eV 和 642.1 eV，分别对应自旋轨道 Mn $2p_{1/2}$ 和 Mn $2p_{3/2}$，自旋轨道的结合能间隔为 11.7 eV，这与先前报道的 Birnessite 型 MnO_2 的结果吻合，说明泡沫镍的表面存在大量的四价锰[20]。而锰的氧化态也可以根据 Mn 3s 和 O 1s 图谱进行精确的分析[8]。如图 3.6（c）所示，Mn 3s 图谱表现出两个分裂的峰，其结合能间隔（ΔE）为 4.95 eV，根据 Toupin 报道，ΔE 与锰的氧化价态几乎成线性关系，所以对于制备的 $\delta\text{-}MnO_2$ 纳米片来说锰的平均价态为 3.88[21]。依据图 3.6（d），O 1s 图谱包括三种含氧环境，分别是结合能位于 532.4 eV 的水分子（H—O—H）、结合能位于 531.2 eV 的羟基官能团（Mn—O—H）和结合能位于 529.5 eV 的 Mn—O—Mn 官能团[22]。结合 Mn—O—H 和 Mn—O—Mn 的峰面积计算 $\delta\text{-}MnO_2$ 纳米片中锰的平均价态可以通过如下公式[23]：

$$平均价态 = [4 \times (S_{\text{Mn—O—}} - S_{\text{Mn—O—H}}) + 3 \times S_{\text{Mn—O—H}}]/S_{\text{Mn—O—}}$$

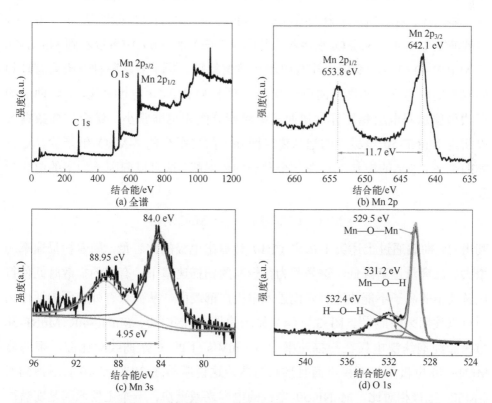

图 3.6 MnNF-30 电极的 XPS 图谱：（a）全谱；（b）Mn 2p 谱；（c）Mn 3s 谱；（d）O 1s 谱

其中 S 代表 O 1s 图谱中不同组分信号的计算面积，因此 δ-MnO_2 纳米片中锰的平均价态为 3.85，这和 Mn 3s 图谱得到的结果相近，所以，本方法制备的 MnNF-30 电极中既包含三价锰又包含四价锰，这两种价态锰的同时存在可以促进更多的离子缺陷的形成，从而在充放电过程中发挥着巨大的作用，这也比其他文献报道制备的 MnO_2 占有更大的优势[24]。

3.6 MnNF 电极电化学性能测试

3.6.1 循环伏安测试

不同温度下制备的复合材料电极在超级电容器的使用情况，可以通过电化学测试方法进一步研究。本章的电化学测试都是在室温下三电极体系中进行的，首先如图 3.7 所示的是电极的循环伏安测试，其测试的电压范围是 −0.1～0.8 V，电解液是 1 mol/L Na_2SO_4 水溶液。从图 3.7（a）和（b）中可以看到 MnNF-30 和 MnNF-40 电极的响应电流与电压呈镜像特征，预示着这两种电极具有理想的双电层电容行为和高度的可逆性[25]。对于 MnNF-50 电极来说，CV 曲线的形状与理想双电层相比异常扭曲，绝对积分面积也非常小，结合扫描数据可以断定 MnNF-50 电极中的泡沫镍表面几乎附着很少的 δ-MnO_2 纳米片。更有趣的是在 0.5 V 的电势下存在一个微弱的还原峰，这可以归因于如下的电化学反应[26]：

$$MnO_2 + Na^+ + e^- \rightleftharpoons MnOONa$$

利用 CV 曲线通过上述第 1 章式（1.1）计算出电极的比容量，随着扫描速率的增大，比容量逐渐降低，这是因为在较高的扫描速率下，有限的扩散时间使得电解液中的离子不能快速有效地进入电极内部表面，从而只有外表面的活性物质可以被用来储能[27]。图 3.7（d）显示的是 MnNF-30、MnNF-40、MnNF-50 电极和纯泡沫镍电极在扫描速率为 10 mV/s 下的 CV 曲线对比图，很明显 MnNF-50 电极不仅面积小而且形状扭曲，这说明与在 30 ℃ 和 40 ℃ 下得到的 δ-MnO_2 电极相对比，MnNF-50 电极的电容衰减更快，一个主要原因是随着温度的升高，δ-MnO_2 纳米片与泡沫镍基底之间的附着力逐渐减弱，因此对电化学性能造成了负面影响。另外，MnNF-30 和 MnNF-40 在同样的扫描速率下表现出相似的类矩形 CV 曲线，这主要是因为这两种电极的表面附着有相似形貌结构的电极材料。但是 MnNF-30 电极的绝对积分面积远大于 MnNF-40 电极的绝对积分面积，这就意味着 MnNF-30 电极具有较高的比容量，具体的原因是在具有相对较高的开放和多孔结构（即 MnNF-30 电极）中，电解液和离子的传输更快更有效，可以达到更好的效果。图 3.7（d）中的插图为 MnNF-50 电极和泡沫镍电极在 10 mV/s 下的 CV 曲线放大对比图，很明显，两电极的 CV 曲线形状几乎相同，只是 MnNF-50 电极的面积较大，纯泡沫镍电极的面积较小，这表明：①随着反应温度的升高，δ-MnO_2 纳米片与泡沫镍基底之间的附着力逐渐减弱，所以在温度为 50 ℃时，泡沫镍表面上几乎无 δ-MnO_2 纳米片生成；②纯泡沫镍在 Na_2SO_4 水系电解液中提供的比容量很小，可以忽略不计[28]。

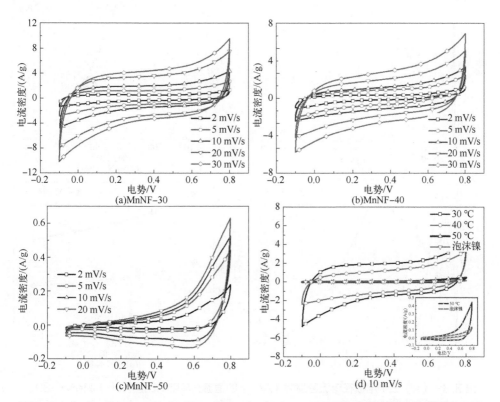

图 3.7 （a）MnNF-30、（b）MnNF-40、（c）MnNF-50 电极在不同扫描速率下的 CV 曲线；（d）在同一扫描速率下三种电极以及泡沫镍的 CV 曲线

3.6.2 恒流充放电测试

除了循环伏安测试以外，对制备的三个电极还进行了恒流充放电测试，实验结果如图 3.8 所示。首先在电流密度为 1 A/g 下，MnNF-30、MnNF-40 和 MnNF-50 电极的恒流充放电曲线如图 3.8（a）所示，通过第 1 章式（1.3）可以计算出 MnNF-30、MnNF-40 和 MnNF-50 电极的比容量分别为 325 F/g、167 F/g 和 4 F/g，可以看出 MnNF-30 电极的比容量最高，而且反应温度越高，比容量越低，这与 CV 曲线得到的结果相吻合。根据这个结果，选择 MnNF-30 和 MnNF-40 电极继续进行不同电流密度下的恒流充放电测试，结果如图 3.8（b）和（c）所示。可以明显地看出这些稍微弯曲的类三角形的恒流充放电曲线基本对称，再

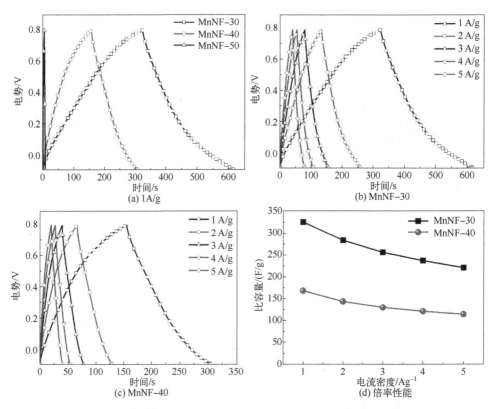

图 3.8　（a）三个电极在电流密度为 1 A/g 下的恒流充放电对比图；（b）MnNF-30、（c）MnNF-40 在不同电流密度下的恒流充放电曲线；（d）MnNF-30 和 MnNF-40 电极的倍率性能

次证明了氧化还原反应的优秀可逆性[29]。随着电流密度的不断减小，恒流充放电的时间逐渐延长，比容量也逐渐增大，通过计算可知，MnNF-30 电极在电流密度为 1 A/g、2 A/g、3 A/g、4 A/g 和 5 A/g 下对应比容量分别为 325 F/g、283 F/g、255 F/g、236 F/g 和 220 F/g，这些比容量比 MnNF-40 和 MnNF-50 电极的比容量都高。根据比容量和电流密度之间的关系，MnNF-30 和 MnNF-40 电极的倍率性能如图 3.8（d）所示，当电流密度较小时，电解液中的离子拥有足够的时间进行扩散并与活性物质很好地接触[30]，从而使得反应完全发生。但是当电流密度较大时，只有外部表面的活性物质能够进行储能。当电流密度从 1 A/g 增大到 5 A/g 时，MnNF-30 和 MnNF-40 电极的倍率都保持在 67.6%，这预示着拥有较多活性位点的 δ-MnO_2 纳米片具有较好的倍率性能。

3.4.3 电化学阻抗测试

为了更好地了解 MnNF-30 电极的电化学性能，通过电化学阻抗测试来研究和分析其电导率性质。对应频率范围从 100 kHz 到 0.1 Hz 之间的 Nyquist 图在图 3.9（a）显示，阻抗图谱包含两大部分：一部分是中高频部分与化学反应相关的半圆环，另一部分是低频部分与电极材料中离子的扩散有关的直线。测试的阻抗图谱主要是通过 IVIUMSTAT 软件自带的拟合功能进行拟合分析，其对应的等效电路图如插图中所示，在高频部分 Nyquist 图与实轴的第一个交点定义为等效串联内阻，即 R_s，它主要包括电极材料、电解液的固有内阻和电极材料与集流体之间的接触内阻两大部分[31]，半圆环的直径大小与电荷转移内阻（R_{ct}）息息相关，它主要是由电解液与电极之间界面形成的双电层电容和法拉第反应引起的，此外 45°的直线代表的是离子在电解液和电极之间扩散/传输而引起的一个与频率有关的瓦尔堡阻抗，常用 Z_w 来表示，CPE 是与 Z_w 有关的常相位角元件[32]。根据等效电路的拟合数据可以知道 MnNF-30 电极的 R_s 只有 0.36 Ω，这不仅意味着 MnNF-30 电极具有优秀的导电性，而且说明 δ-MnO_2 纳米片与泡沫镍之间有一个良好的界面接触[33]。此外，MnNF-30 电极的电荷转移内阻（R_{ct}）只有 1.7 Ω，说明泡沫镍表面附着的 δ-MnO_2 纳米片可以缩短离子扩散的路径，从而降低电荷转移内阻。制备的电极中不含有黏结剂，而且 δ-MnO_2 纳米片与泡沫镍之间紧密连接导致了 MnNF-30 电极较低的 R_s 和 R_{ct} 值。

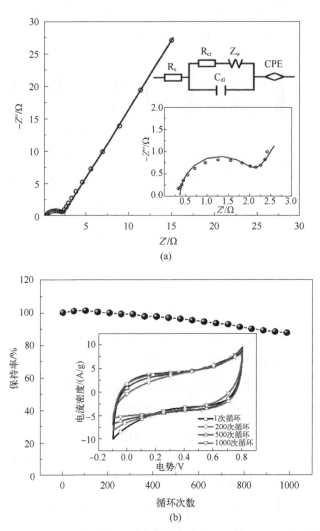

图 3.9 （a）MnNF-30 电极的交流阻抗图谱，插图为高频放大的部分和等效串联内阻 （b）MnNF-30 电极的循环性能，插图为不同循环次数下对应的 CV 曲线

鉴定一种电极材料是否是优秀的超级电容器电极材料，循环性能也是一个重要的参考指标[34]，在本章中，循环性能的测试是在电压范围为-0.1～0.8 V 之间，扫描速率为 30 mV/s 下进行 1000 次循环伏安测试，如图 3.9（b）所示为电容的保持率与循环次数的关系图，很明显可以看出 MnNF-30 电极在开始的 200 次循环比容量基本保持不变，之后的循环比容量逐渐衰减。1000 次循环结束后，比容量的保持率为 86%，意味着有序的 δ-MnO$_2$ 纳米片具有良好的循环性能。

此外，不同循环次数下对应的 CV 曲线在图 3.9（b）插图中显示，曲线表现为良好的矩形特性，而且没有明显的氧化还原峰，再次证明了制备的 MnNF-30 电极既具有理想的电容行为又具有较好的电化学可逆性。但是，1000 次循环后 MnNF-30 电极的比容量仍处于降低的趋势，这主要归因于在充放电过程中电极材料发生部分分解和脱离导致电极材料的损失。

参考文献

[1] CHEN S, ZHU J W, WU X D, et al. Graphene oxide-MnO$_2$ nanocomposites for supercapacitors [J]. ACS Nano, 2010, 4(5): 2822-2830.

[2] CHEN L Y, KANG J L, HOU Y, et al. High-energy-density nonaqueous MnO$_2$@nanoporous gold based supercapacitors [J]. J Mater Chem A, 2013, 1(32): 9202-9207.

[3] HASSAN S, SUZUKI M, MORI S, et al. MnO$_2$/carbon nanowalls composite electrode for supercapacitor application [J]. J Power Sources, 2014, 249: 21-27.

[4] SU X H, YU L, CHENG G, et al. Controllable hydrothermal synthesis of Cu-doped delta-MnO$_2$ films with different morphologies for energy storage and conversion using supercapacitors [J]. Appl Energ, 2014, 134: 439-445.

[5] YAO W, WANG J, LI H, et al. Flexible alpha-MnO$_2$ paper formed by millimeter-long nanowires for supercapacitor electrodes [J]. J Power Sources, 2014, 247: 824-830.

[6] ZHANG X, SUN X Z, ZHANG H T, et al. Comparative performance of birnessite-type MnO$_2$ nanoplates and octahedral molecular sieve (OMS-5) nanobelts of manganese dioxide as electrode materials for supercapacitor application [J]. Electrochim Acta, 2014, 132: 315-322.

[7] SUBRAMANIAN N, VISWANATHAN B, VARADARAJAN T K. A facile, morphology-controlled synthesis of potassium-containing manganese oxide nanostructures for electrochemical supercapacitor application [J]. Rsc Adv, 2014, 4(64): 33911-33922.

[8] KIM M, KIM J. Redox deposition of birnessite-type manganese oxide on silicon carbide microspheres for use as supercapacitor electrodes [J]. ACS Appl Mater Inter faces, 2014, 6(12): 9036-9045.

[9] VARGAS O A, CABALLERO A, HERNAN L, et al. Improved capacitive properties of layered manganese dioxide grown as nanowires [J]. J Power Sources, 2011, 196(6): 3350-3354.

[10] BROUSSE T, TOUPIN M, DUGAS R, et al. Crystalline MnO$_2$ as possible alternatives to amorphous compounds in electrochemical supercapacitors [J]. J Electrochem Soc, 2006, 153(12): A2171-A2180.

[11] MING B, LI J, KANG F, et al. Microwave-hydrothermal synthesis of birnessite-type MnO$_2$ nanospheres as supercapacitor electrode materials [J]. J Power Sources, 2012, 198: 428-431.

[12] ZHANG X, YU P, ZHANG H T, et al. Rapid hydrothermal synthesis of hierarchical nanostructures assembled from ultrathin birnessite-type MnO$_2$ nanosheets for supercapacitor applications [J]. Electrochim Acta, 2013, 89: 523-529.

[13] KONG L B, BAI R J, LANG J W, et al. The rods-like manganese dioxide films grown on nickel foam

for electrochemical capacitor applications [J]. Russ J Electrochem, 2013, 49(10): 975-982.

[14] KUNDU M, LIU L F. Direct growth of mesoporous MnO_2 nanosheet arrays on nickel foam current collectors for high-performance pseudocapacitors [J]. J Power Sources, 2013, 243: 676-681.

[15] ZHANG J T, GUO C X, ZHANG L Y, et al. Direct growth of flower-like manganese oxide on reduced graphene oxide towards efficient oxygen reduction reaction [J]. Chem Commun, 2013, 49(56): 6334-6336.

[16] RAJ B G S, ASIRI A M, QUSTI A H, et al. Sonochemically synthesized MnO_2 nanoparticles as electrode material for supercapacitors [J]. Ultrason Sonochem, 2014, 21(6): 1933-1938.

[17] PANG M J, JIANG S, ZHAO J G, et al. Designed fabrication of three-dimensional δ-MnO_2-cladded $CuCo_2O_4$ composites as an outstanding supercapacitor electrode material [J]. New J Chem, 2018, 42: 19153-19163.

[18] PANG M J, JIANG S, JI Y, et al. Comparison of α-$NiMoO_4$ nanorods and hierarchicalα-$NiMoO_4$@δ-MnO_2 core-shell hybrid nanorod/nanosheet aligned on Ni foam for Supercapacitors [J]. J Alloys Compd, 2017, 708: 14-22.

[19] WEN Z W, SHE W, LI Y S, et al. Paramecium-like alpha-MnO_2 hierarchical hollow structures with enhanced electrochemical capacitance prepared by a facile dopamine carbon-source assisted shell-swelling etching method [J]. J Mater Chem A, 2014, 2(48): 20729-20738.

[20] YAN J, FAN Z J, WEI T, et al. Fast and reversible surface redox reaction of graphene-MnO_2 composites as supercapacitor electrodes [J]. Carbon, 2010, 48(13): 3825-3833.

[21] TOUPIN M, BROUSSE T, BELANGER D. Charge storage mechanism of MnO_2 electrode used in aqueous electrochemical capacitor [J]. Chem Mater, 2004, 16(16): 3184-3190.

[22] CHIGANE M, ISHIKAWA M, IZAKI M. Preparation of manganese oxide thin films by electrolysis/chemical deposition and electrochromism [J]. J Electrochem Soc, 2001, 148(7): D96-D101.

[23] TOUPIN M, BROUSSE T. Influence of microstucture on the charge storage properties of chemically synthesized manganese dioxide [J]. Chem Mater, 2002, 14(9): 3946-3952.

[24] SONG M K, CHENG S, CHEN H Y, et al. Anomalous pseudocapacitive behavior of a nanostructured, mixed-valent manganese oxide film for electrical energy storage [J]. Nano Lett, 2012, 12(7): 3483-3490.

[25] XIA H, HONG C Y, SHI X Q, et al. Hierarchical heterostructures of Ag nanoparticles decorated MnO_2 nanowires as promising electrodes for supercapacitors [J]. J Mater Chem A, 2015, 3(3): 1216-1221.

[26] GHODBANE O, LOURO M, COUSTAN L, et al. Microstructural and morphological effects on charge storage properties in MnO_2-carbon nanofibers based supercapacitors [J]. J Electrochem Soc, 2013, 160(11): A2315-A2321.

[27] WANG Y L, ZHAO Y Q, XU C L. May 3D nickel foam electrode be the promising choice for super-capacitors? [J]. J Solid State Electr, 2012, 16(3): 829-834.

[28] KONG D Z, LUO J S, WANG Y L, et al. Three-dimensional Co_3O_4@MnO_2 hierarchical nanoneedle arrays: morphology control and electrochemical energy storage [J]. Adv Funct Mater, 2014, 24(24): 3815-3826.

[29] WANG H Y, XIAO F X, YU L, et al. Hierarchical alpha-MnO_2 nanowires@$Ni_{1-x}Mn_xO_y$ nanoflakes core-shell nanostructures for supercapacitors [J]. Small, 2014, 10(15): 3181-3186.

[30] YU Z A, LI C, ABBITT D, et al. Flexible, sandwich-like Ag-nanowire/PEDOT:PSS-nanopillar/MnO$_2$ high performance supercapacitors [J]. J Mater Chem A, 2014, 2(28): 10923-10929.

[31] LI S H, QI L, LU L H, et al. Carbon spheres-assisted strategy to prepare mesoporous manganese dioxide for supercapacitor applications [J]. J Solid State Chem, 2013, 197: 29-37.

[32] YANG W L, GAO Z, WANG J, et al. Synthesis of reduced graphene nanosheet/urchin-like manganese dioxide composite and high performance as supercapacitor electrode [J]. Electrochim Acta, 2012, 69: 112-119.

[33] LIU Y, YAN D, ZHUO R F, et al. Design, hydrothermal synthesis and electrochemical properties of porous birnessite-type manganese dioxide nanosheets on graphene as a hybrid material for supercapacitors [J]. J Power Sources, 2013, 242: 78-85.

[34] PANG M J, LONG G H, JIANG S, et al. One pot low-temperature growth of hierarchical δ-MnO$_2$ nanosheets on nickel foam for supercapacitor applications [J]. Electrochimica Acta, 2015, 161: 297-304.

第4章
CoO/Co$_3$O$_4$纳米复合材料

4.1 引言

超级电容器根据储能机理的不同可以分为双电层电容器和赝电容器[1-3]，电极材料是影响超级电容器性能的关键因素之一，目前，碳材料、金属氧化物/氢氧化物、聚合物、金属硫化物及其衍生物等被认为是最有前景的电极材料[4]。在众多的金属氧化物中，钴的氧化物由于具有较高的理论比容量、低成本、良好的腐蚀稳定性以及环境友好等特性而备受关注，尤其是可以作为一种替代价格昂贵的 RuO$_2$ 的潜在赝电容电极材料[5]。目前已报道了多种合成技术来制备 Co$_3$O$_4$ 从而提高其电化学性能。比如，Wang 等[6]研究课题组报道了一种水热法合成 Co$_3$O$_4$@MWCNT 纳米管，这种材料在超级电容器应用上表现出极好的倍率性能。Kumar 课题组[7]通过静电纺丝的方法制备了 Co$_3$O$_4$ 纳米纤维，其比容量在扫描速率为 5 mV/s 下可达 407 F/g。Luo 等[8]通过回流的方法成功地制备了类金针菇的 Co$_3$O$_4$ 多级结构的电极材料，在电流密度为 1 A/g 时其比容量高达 787 F/g。遗憾的是，运用上述提到的水热、静电纺丝和回流方法之后，总是需要一个煅烧的过程来制备完美的 Co$_3$O$_4$ 纯相，这无疑在形貌的控制和重复率上增加了诸多的不确定性[9,10]。

另外，钴的另一种氧化物，即氧化亚钴，在超级电容器的应用上也具备较高的电化学活性。而制备 CoO 的过程中为了避免杂相的生成往往需要一个低氧环境，这就在合成过程中存在特殊的需求，一般也不容易满足，所以导致研究者们很少关注 CoO 这个电极材料[11]。根据理论值来看，CoO 和 Co$_3$O$_4$ 的理论比容量分别高达 4292 F/g 和 3560 F/g[12]，可见 CoO 也是一种可选的赝电容电极材料，然而 CoO 和 Co_3O_4 都存在两大问题，一是充放电过程中较低的电子/离子传导率，二是有限的比表面积，这两大问题制约着它们的电化学性能[3]。因此，完美的平衡电容行为与合成路径简便性之间的关系仍是一个巨大的挑战[13]。

为了更好地在超级电容器上应用钴的氧化物，笔者团队使用一步溶剂热法大量高产地制备了具有高比表面积的 CoO/Co_3O_4 复合材料。此复合材料中两相之间因为具有相同的氧化还原反应而具有较强的协同作用，从而提高了复合材料在碱性条件下电容的保持率和循环稳定性。此外，将制备的复合材料应用到非对称电容器上，也表现出较好的能量密度和功率密度。

4.2 CoO/Co_3O_4 复合材料的制备

将 0.8 g 的醋酸钴溶于 40 mL 无水乙醇中持续搅拌 2 h 得到溶液 A，另外将 0.256 g 的氢氧化钠溶于另一 40 mL 无水乙醇溶液中搅拌 2 h 得到溶液 B，之后将 B 溶液缓慢有序地逐滴滴入 A 溶液中，此时 A 溶液会由深粉色逐渐变成黑色。持续搅拌 3 h 后将混合后的溶液转移到 100 mL 不锈钢高压反应釜，然后放到鼓风干燥箱 160 ℃ 晶化 8 h。之后取出反应釜自然降温到室温，收集反应釜内衬中产物进行离心并少量多次的洗涤，注意洗涤的时候只能用无水乙醇，因为一旦加入二次水后沉淀会变成均匀的混合物，导致无法进行离心。离心后收集的产物置于 80 ℃ 烘箱干燥过夜，得到的粉体即为制备的 CoO/Co_3O_4 复合材料。作为对比，CoO 球的合成方法和 CoO/Co_3O_4 复合材料的合成方法基本一样，除了将 0.256 g 的氢氧化钠换成 0.4369 g 质量分数为 25%的氨水。CoO 球和 CoO/Co_3O_4 复合纳米颗粒的合成产率均大于 90%。

4.3 CoO/Co_3O_4 复合材料的表征

4.3.1 晶相结构表征

CoO 球和 CoO/Co_3O_4 复合材料的结构通过 XRD 进行表征，如图 4.1（a）

所示，CoO 球的衍射峰在 36.49°、42.38°、61.49°、73.67° 和 77.53°，分别对应于立方相 CoO 的（111）、（200）、（220）、（311）和（222）晶面[18]，CoO/Co_3O_4 复合材料除了上述 CoO 的衍射峰以外还表现出其他的衍射峰，分别对应于立方相 Co_3O_4 的（111）、（220）、（311）、（400）、（511）和（440）晶面[12]，通过对比两者 XRD 主峰的半峰宽发现 CoO 球衍射峰又狭窄又尖锐，说明颗粒较大，这个结果与 SEM 结果相同。

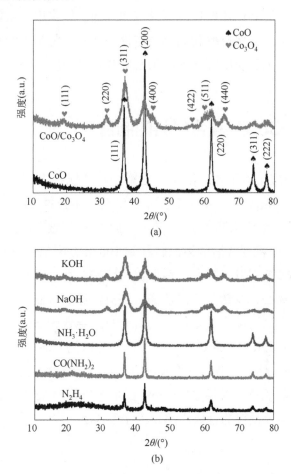

图 4.1 （a）CoO 球和 CoO/Co_3O_4 复合材料的 XRD 谱图；
（b）分别使用不同碱源对应生成产物的 XRD 谱图

为了更好地说明 CoO/Co_3O_4 复合材料的合成机理，我们使用控制变量法进行多组实验，首先将无水乙醇换成二次水和有机溶剂如乙二醇和丙三醇，保证其他合成条件相同，实验结果发现只有在无水乙醇溶剂下才可生成 CoO/Co_3O_4。

当醋酸钴被其他钴源比如硝酸钴、硫酸钴、氯化钴替代时，产物中并没有生成 CoO，这个实验结果说明醋酸钴有机盐热分解会生成 CoO。除了上述的几种原材料以外，我们对氨水的使用也进行了研究，相应产物的 XRD 谱图如图 4.1（b）所示。当使用水合肼和尿素替代氨水并提供 NH_3 和 OH^- 源时，首先生成的是纯的 CoO，但是当反应溶液中加入氢氧化物，比如氢氧化钠或氢氧化钾时，反应釜中因为没有 NH_3 而呈现低氧状态，这样目标产物 CoO 更倾向于转化成 Co_3O_4，即所制备的 CoO 材料一旦暴露到空气中很容易被氧化成 Co_3O_4 纳米材料。这也就证明了产物合成后只能用无水乙醇洗涤，而不能使用二次水。

4.3.2 形貌表征

（1）扫描电子显微镜分析

CoO 球和 CoO/Co_3O_4 复合纳米颗粒的形貌主要是通过扫描电子显微镜（SEM）观察的，如图 4.2 所示，CoO 球呈现多分散性，直径介于几百纳米到几微米之间。由图 4.2（b）[图 4.2（a）的放大图] 可以看到，每一个 CoO 球的

图 4.2　CoO 球（a）、(b）和 CoO/Co_3O_4（c）、(d）复合材料分别在不同放大倍数下的 SEM 照片

表面都是由许许多多的微小的 CoO 小颗粒堆积而成的,这些 CoO 小颗粒相互紧紧地压实到一起,使得 CoO 球的表面变得粗糙密集,而且可以基本确定 CoO 球都是实心球。由图 4.2(c)可以清楚地看到 CoO/Co_3O_4 复合材料的整体结构和形貌在加入氢氧化钠之后发生了巨大的改变,与 CoO 实心球相比较,CoO/Co_3O_4 复合材料表现出由许多小颗粒无规则堆积形成令人并不满意的团聚状态,这些小颗粒随机排列形成了一个相对疏松的堆积结构,这种结构不仅增大了固体与液体之间的有效界面面积,而且对于电解液离子的嵌入和脱出提供了一条快速的路径,从而促进法拉第反应[14]。

(2) 透射电子显微镜分析

为了进一步了解 CoO/Co_3O_4 复合材料的形貌特征,我们进行了透射电子显微镜(TEM)测试,由图 4.3(a)可以看出 CoO/Co_3O_4 复合材料是由许多小颗粒组成的,这些小颗粒的平均直径在 5 nm ± 2 nm 区间。由图 4.3(b)选区电子衍射发现 CoO/Co_3O_4 复合材料呈多晶特性,衍射环由中心向外依次对应于 Co_3O_4 的(220)、(311)晶面和 CoO 的(200)、(220)晶面[15-17],这也再

图 4.3 CoO/Co_3O_4 复合材料的 TEM 照片:(a)低分辨照片;(b)选区电子衍射;(c)和(d)高分辨照片

次证明了 Co_3O_4 和 CoO 同时存在于所制备的复合材料中。此外，在高分辨 TEM 照片中可以清楚地看到明确的晶格线，图 4.3（c）显示的晶格间距（0.212 nm）和图 4.3（d）显示的 0.159 nm 分别对应于 CoO 的（200）和（220）晶面，而晶格间距为 0.245 nm 对应于 PDF 43-1003，即 Co_3O_4 的（311）晶面，这些结果和下面的 XRD 数据吻合。

通过对两种制备的材料进行 BET 测试来分析比表面积和孔径分布，实验结果如图 4.4 所示，很明显，两条等温曲线都是典型的Ⅳ型吸附脱附曲线，在相对压强为 0.4～1.0 范围之间有明显的回滞环，表明材料呈多孔特性，这些介

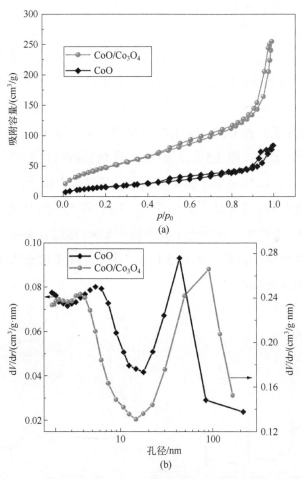

图 4.4　CoO 球和 CoO/Co_3O_4 复合材料的氮气吸附脱附曲线（a）及对应的孔径分布曲线（b）

孔和大孔主要是由组成颗粒疏松堆积形成的[13]。通过 BET 方法计算 CoO 球和 CoO/Co$_3$O$_4$ 复合材料的比表面积分别为 186.27 m^2/g 和 61.86 m^2/g，脱附的孔体积分别为 0.403 cm^3/g 和 0.123 cm^3/g。通过孔径分布图可以知道两种材料的孔径分布不均一，主要是介孔和大孔，介孔的范围主要集中在 3~8 nm，这个范围是最适合缩短扩散距离的孔径分布范围，它可以确保在大电流密度下发生足够的氧化还原反应以实现电能的储存[19]。

通过 X 射线光电子能谱（XPS）对所制备材料的表面元素分析及价态的组成进行了测试，相应的结果如图 4.5 所示。很明显，由图 4.5（a）可以看出两条 XPS 测量光谱都呈现出 C 1s、Co 2p 和 O 1s 元素的信号特征，说明两个样品中都含有碳、氧、钴三种元素。由图 4.5（b）所示的 Co 2p 图谱，可以看出两个主要的发射峰的电子结合能位于 796.6 eV 和 781 eV，分别对应自旋轨道 Co 2p$_{1/2}$ 和 Co 2p$_{3/2}$，自旋轨道的结合能间隔为 15.6 eV[20,21]。对于 CoO 球，两个主要半峰（图中标记为"S"）的结合能位于 787.2 eV 和 803.5 eV，这也很好地验证了 CoO 相的存在，而 CoO/Co$_3$O$_4$ 复合材料的 Co 2p 图谱没有半峰，说明了 Co$_3$O$_4$ 的生成[22]。此外，图 4.5（c）和（d）分别显示的是 CoO 球和 CoO/Co$_3$O$_4$ 复合材料的 O 原子 1s 轨道电子的拟合图谱，通过高斯拟合两个样品的 O 1s 都可以拟合成三个分峰，其中结合能位于 530.3 eV 和 531.9 eV 的两个分峰分别是指 Co—O 和 OH$^-$ 中的氧，而另一个分峰对于 CoO 球结合能位于 533 eV，对于 CoO/Co$_3$O$_4$ 复合材料结合能位于 533.1 eV，这个分峰主要是由于样品本身一些物理或化学吸附水造成的[23]。

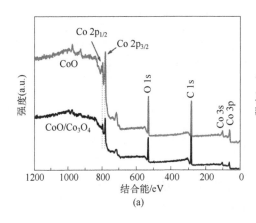
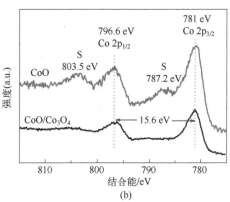

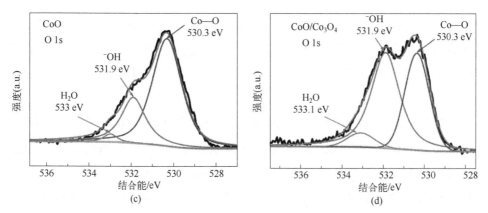

图 4.5 CoO 球和 CoO/Co$_3$O$_4$ 复合材料的 XPS 图谱:(a)全谱;(b)Co 2p 谱;(c)CoO 球的 O 1s 谱;(d)CoO/Co$_3$O$_4$ 复合材料的 O 1s 谱

4.4 CoO/Co$_3$O$_4$ 电极材料的电化学性能测试

4.4.1 三电极体系测试

为了测试所制备的 CoO 电极和 CoO/Co$_3$O$_4$ 电极的电化学性能,首先进行了循环伏安测试,测试的电压范围在 0~0.4 V 之间,见图 4.6(a)~(c)。图 4.6(a)和(b)分别显示的是 CoO 电极和 CoO/Co$_3$O$_4$ 电极在不同扫描速率下的循环伏安(CV)曲线,很明显,这两个图中的曲线与双电层的类矩形 CV 曲线大不相同,明显的两对氧化还原峰意味着电极在碱性条件下的电化学反应是赝电容反应,相应的反应机理如下[6,24]:

$$CoO + OH^- \rightleftharpoons CoOOH + e^- \qquad (4.1)$$

$$Co_3O_4 + H_2O + OH^- \rightleftharpoons 3CoOOH + e^- \qquad (4.2)$$

$$CoOOH + OH^- \rightleftharpoons CoO_2 + H_2O + e^- \qquad (4.3)$$

在较低的电压范围下主要进行的是二价钴与三价钴之间的氧化还原反应,而在较高的电压范围下主要是三价钴与四价钴之间进行氧化还原反应[5]。此外,随着扫描速率的增大,氧化峰的位置向正极方向移动,这主要是由于电极之间的内阻引起的[25]。通过对 5 mV/s 的 CV 曲线计算,CoO/Co$_3$O$_4$ 复合材料的比容量高达 436.2 F/g，这是 CoO 电极比容量的 1.99 倍。随着扫描速率的增大，比容量降低，这主要是因为在较高扫描速率下，电解液中的离子由于较短的扩散时间不能全部有效地进入电极的内部表面，而只是电极材料外部的活性表面被用来储能。

作为对比，图 4.6（c）为纯泡沫镍、CoO 和 CoO/Co_3O_4 三个电极都在 10 mV/s 下的 CV 曲线对比图，可以看出纯泡沫镍的 CV 曲线面积很小，这也意味着纯泡沫镍提供的比容量可以忽略不计。CoO/Co_3O_4 电极对应的 CV 曲线的面积比 CoO 电极的大，又因为比容量的大小与 CV 曲线的绝对积分面积成正比[26]，所以 CoO/Co_3O_4 电极具有更好的电化学性能。这个结果主要归因于以下两个原因：①不同的形貌结构具有不同的比表面积和活性物质，CoO/Co_3O_4 复合材料相对而言比表面积更大，颗粒更小，这些更有利于 OH^- 进行表面扩散从而提供更好的电化学性能；②CoO 与 Co_3O_4 都有相同的氧化还原反应，即 Co—O/Co—O—OH，所以 CoO/Co_3O_4 复合材料之间这种较强的协同作用促进了更加快速有效的法拉第充放电反应。

从 1 A/g 到 20 A/g 不同电流密度下 CoO 和 CoO/Co_3O_4 电极的恒流充放电测试曲线如图 4.6（d）和（e）所示，可以看出曲线呈对称特性，说明材料具有良好的赝电容行为，且两个电极都存在两个相邻的放电平台，电压靠近在 0.2 V 和 0.3 V，这和 CV 曲线吻合的很好。此外通过上述提到的第 1 章式（1.3）进行计算，CoO/Co_3O_4 电极在 1 A/g、5 A/g、10 A/g、15 A/g 和 20 A/g 等不同电流密度下的比容量分别为 451 F/g、389 F/g、353 F/g、326 F/g 和 308 F/g，作为比较的 CoO 电极在 1 A/g、5 A/g、10 A/g、15 A/g 和 20 A/g 等不同电流密度下的比容量分别为 203 F/g、194 F/g、178 F/g、168 F/g 和 159 F/g。这种随着电流密度的增大比容量逐渐下降的趋势预示着大电流下反应所需的活性物质发生的氧化还原反应不充分[3]，而且容易出现极化现象[27]。

图 4.6（f）显示的是 CoO 和 CoO/Co_3O_4 电极的倍率性能，即比容量随着电流密度的变化而变化的关系曲线，当电流密度由 1 A/g 增大到 20 A/g 时，CoO/Co_3O_4 电极的比容量的保持率为 68.3%，CoO 电极的保持率为 78.2%，虽然 CoO 电极的倍率性能略优于 CoO/Co_3O_4 电极，但是 CoO 电极整体的比容量较低，这也就是说，相对而言 CoO/Co_3O_4 复合材料是较好的超级电容器电极材料。

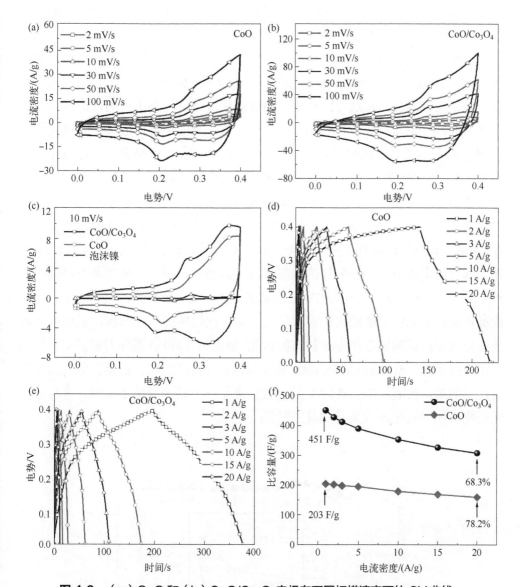

图4.6 （a）CoO 和（b）CoO/Co$_3$O$_4$电极在不同扫描速率下的 CV 曲线；
（c）纯泡沫镍、CoO 和 CoO/Co$_3$O$_4$电极在 10 mV/s 下循伏安曲线对比图；
（d）CoO 和（e）CoO/Co$_3$O$_4$电极在不同电流密度下的 GCD 曲线；
（f）CoO 和 CoO/Co$_3$O$_4$电极的倍率性能对比图

循环性能是超级电容器性能好坏的另一个重要参数。在这里，对 CoO 和 CoO/Co$_3$O$_4$ 两个电极的循环性能通过如下方法进行测试，即在 0～0.4 V 之间扫描速率为 30 mV/s 下进行 5000 次循环伏安测试，相应的测试曲线如图 4.7 所示。可以清楚地看到，对于 CoO 电极，相对于第 1 次循环，其 5000 次循环后的保持率为 99.2%。对于 CoO/Co$_3$O$_4$ 电极而言，前 1500 次循环由于电极的活化导致其比容量逐渐增长，在这个过程中，电解液缓慢地渗透到电极的内部区域，越来越多的活性单体被激活并不断地提供比容量，从而使得比容量不断增大[28]。5000 次循环测试后，比容量基本保持稳定，CoO/Co$_3$O$_4$ 电极整体的容量保持率为 108%，远远优于 CoO 电极表现出来的循环性能。此外，循环后的电极片经过清洗后仔细反复地称量发现其质量并未发生损失。我们把 CoO/Co$_3$O$_4$ 电极优异的循环特性主要归因于：CoO/Co$_3$O$_4$ 复合材料具有较大的有效比表面积和孔径，这两个特性不仅有利于离子和电子的有效扩散，而且还有助于 CoO 和 Co$_3$O$_4$ 作为单独的组成成分发挥更好的协同作用[29]。另外，图 4.7 插图是不同循环次数下对应的 CV 曲线，所有的 CV 曲线都表现出明显的氧化还原峰，而且第 1500 次循环对应的 CV 曲线的积分面积也大于第 1 次循环的积分面积，说明在开始的循环伏安测试确实存在电极材料的活化。随后第 5000 次循环对应的 CV 曲线基本保持不变，意味着 CoO/Co$_3$O$_4$ 复合材料具有良好的电容稳定性能。尤其需要注意的是，在电压位于 0.27 V 的位置出现了一对新的氧化还原峰，这对氧化还原峰与如下氧化还原关系式有关[11,30]：

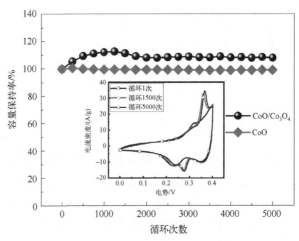

图 4.7　CoO 和 CoO/Co$_3$O$_4$ 电极的循环性能，插图为 CoO/Co$_3$O$_4$ 电极在不同循环次数下对应的 CV 曲线

$$Co_3O_4 + 4H_2O + 2e^- \rightleftharpoons 3Co(OH)_2 + 2OH^- \qquad (4.4)$$

为了更好地理解循环性能,将完成 5000 次 CV 循环测试的 CoO/Co₃O₄ 电极上的材料刮下,并在无水乙醇中超声 30 min,尽量避免黏结剂造成的影响,随后制样进行 TEM 测试,如图 4.8 所示,很明显,即使进行多次循环,CoO/Co₃O₄ 复合材料的形貌依旧保持完好,仍是较小的纳米颗粒堆积在一起,除了由制备电极时引入的 PTFE 相,在高分辨透射电子显微镜下,可以清晰地看到晶格间距分别是 0.29 nm 和 0.246 nm,分别对应于 Co₃O₄ 的(220)晶面和 CoO 的(111)晶面。所以循环后形貌基本不发生变化,这也有力地证明了 CoO/Co₃O₄ 复合材料为什么具有上述优异的循环性能。

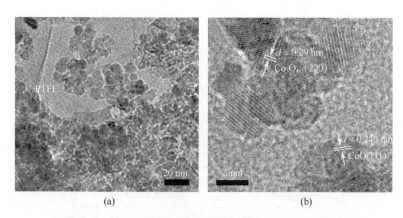

图 4.8 5000 次循环后不同放大倍数下的 TEM 照片

为了更进一步了解 CoO/Co₃O₄ 复合材料的电化学性能,通过交流阻抗测试来研究其电阻等性质,测试是从高频到低频,频率范围在 100 kHz～0.1 Hz 之间,测试所给的扰动振幅是 10 mV,测试的阻抗谱是通过 IVIUMSTAT 软件进行拟合分析。图 4.9(a)所示的是 CoO/Co₃O₄ 电极在 5000 次循环前后分别对应的交流阻抗谱,很明显,循环前后的阻抗谱形状基本相似,都是高频部分有一个半圆环曲线而低频部分是一条直线,其中阻抗曲线在高频区域与实轴的第一个交点的截距叫做等效串联内阻,记为 R_s,它主要包括电极材料的固有内阻、电解液的离子内阻以及电极材料与集流体之间的接触内阻。半圆环的直径代表的是电荷转移内阻[31],记为 R_{ct},常常是由法拉第反应和电极/电解液之间的双电层电容(C_{dl})引起的。斜率为 45°的直线被解释为瓦尔堡阻抗,记为 Z_w,主要是由于电解液中的离子扩散/转移引起的一个与频率相关的内阻,CPE 是一个与瓦尔堡阻抗相关的常相位角元件[7,31]，分析阻抗谱所用的拟合等效电路图模型如图4.9（a）插图所示。根据拟合结果分析，循环前后的阻抗谱的 R_s 相差不大，均在 0.1 Ω 这个数量级，显示出 CoO/Co_3O_4 电极具有优秀的电子导电性[32]，经过 5000 次循环后，由于电解液的分解和电导率的持续降低，电极的电荷转移内阻增大到 4.7 Ω。但是值得注意的是，CoO/Co_3O_4 电极无论循环前还是循环后，电荷的转移内阻都比较小，这也能从电阻方面解释 CoO/Co_3O_4 复合材料的比容量为什么会增大。此外，图 4.9（b）是 CoO 电极和 CoO/Co_3O_4 电极在循环前的阻抗对比图，通过拟合发现 CoO 电极和 CoO/Co_3O_4 电极的 R_s 分别为 0.11 Ω 和 0.16 Ω，而相应的 R_{ct} 分别为 3.82 Ω 和 3.23 Ω，说明具有较小电荷转移内阻的 CoO/Co_3O_4 电极具有更好的电容性能。

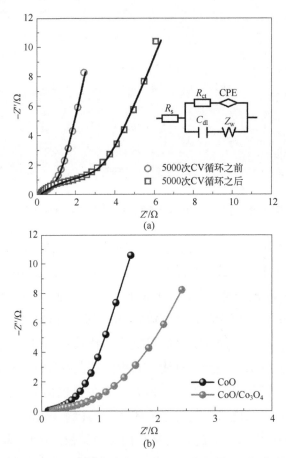

图 4.9 （a）CoO/Co_3O_4 电极 5000 次 CV 循环前后的阻抗谱，插图为拟合的等效电路图；（b）CoO 电极和 CoO/Co_3O_4 电极在循环前的阻抗对比图

4.4.2 两电极体系测试

除了使用三电极体系对电极材料本身进行测试后，电极材料在实际中的应用还需进一步研究，本文中使用的主要是制备型号为 CR-2032 的纽扣式非对称电容器，其中使用商业的活性炭（AC）为负极，制备的电极材料为正极，正负极之间的隔膜是多孔的无纺布隔膜。正负极的质量遵循电荷守恒定律[33,34]，在充电过程中，正极的电荷 Q_+ 与负极的电荷 Q_- 是相同的，即 $Q_+ = Q_-$，每一极的电荷与自身在三电极体系下测试的比容量、质量、电压窗口之间的关系为 $Q = C \times m \times \Delta t$，所以正负极的质量比值满足如下关系式[16]：

$$\frac{Q_+}{Q_-} = \frac{C_+ \times m_+ \times \Delta t_+}{C_- \times m_- \times \Delta t_-} \tag{4.5}$$

CoO/Co_3O_4 复合材料与 AC 的最佳质量比值为 1.32，组装成的非对称电容器的整体的比容量也可根据上述提到的第 1 章公式（1.3）进行计算，唯一不同的是公式中涉及的质量 m 应为正极和负极所有活性物质的质量和。对于一个超级电容器器件来说，最有意义的是研究其能量密度和功率密度，对于两电极的非对称电容器来说，能量密度和功率密度根据恒流充放电曲线的计算公式如下[35]：

$$E = \frac{1}{2}C_s \Delta V^2 \tag{4.6}$$

$$P = \frac{E}{\Delta t} \tag{4.7}$$

其中，E 是能量密度，W·h/kg；P 是功率密度，W/kg；C_s 是器件的比容量；Δt 是放电时间；ΔV 是器件在电压降之后的电势差。

为了避免过高的电压范围在开始的电化学测试过程中对电极造成极化现象，有必要确定制备的非对称电容器的工作电势窗口。如图 4.10（a）所示是 CoO/Co_3O_4 复合材料与活性炭（AC）在 3 mol/L KOH 电解液下测试的 CV 曲线，其扫描速率均为 10 mV/s。很明显，AC 的 CV 曲线几乎呈矩形，没有明显的氧化还原峰，这是双电层电容的基本特征[36]，而 CoO/Co_3O_4 电极的 CV 曲线有明显的氧化还原峰，是典型的赝电容行为。活性炭电极与 CoO/Co_3O_4 电极的电压

范围分别为 $-1.0\sim 0$ V 和 $0\sim 0.4$ V，因此，非对称电容器在 3 mol/L KOH 水系电解液的电压范围应是这两个电极的电压范围之和，即为 1.4 V。此外，在三电极体系下我们对两个电极也分别进行了恒流充放电测试，相应的曲线如图 4.10（b）所示，与 CV 曲线相吻合，AC 电极充放电曲线的电压与电流基本呈线性关系，是典型的双电层电容行为，CoO/Co_3O_4 电极充放电曲线也呈镜像对称，说明其具有较高的库仑效率。通过第 1 章式（1.3）计算 AC 与 CoO/Co_3O_4 复合材料在电流密度为 1 A/g 的比容量分别为 239.9 F/g 和 451.4 F/g。

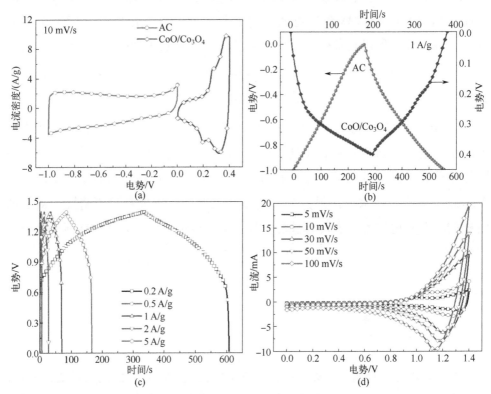

图 4.10 AC 电极与 CoO/Co_3O_4 电极在（a）10 mV/s 下的 CV 曲线和（b）1 A/g 下的恒流充放电曲线；（c）非对称电容器在不同扫描速率下的 CV 曲线；（d）非对称电容器在不同电流密度下的恒流充放电曲线

从非对称电容器在不同扫描速率下的 CV 曲线 [图 4.10（c）] 可以看出，随着扫描速率的增大，CV 曲线的形状基本保持不变，意味着制备的非对称电容器具有良好的电化学性能[37]。通过不同倍率下的恒流充放电可以计算出当电流密度为 0.2 A/g 时器件的比容量为 38.6 F/g，进而根据上述提到的公式（4.6）和公式

(4.7) 计算出非对称电容器在功率密度为 140 W/kg 时能量密度可达 10.52 W·h/kg，即使在大电流密度下计算，当功率密度高达 4059 W/kg 时能量密度仍能保持在 3.72 W·h/kg，这也充分证明了制备的 CoO/Co_3O_4 复合材料是一个有潜力的超级电容器电极材料。

为了更进一步说明制备的非对称电容器的电化学性能，下面继续研究其循环性能。如图 4.11 所示，循环曲线是在电流密度为 1 A/g 下对其进行 1000 次的恒流充放电测试，很明显可以看到在前 200 次循环，比容量逐渐增大，这是因为电解液中的离子反复地嵌入和脱出使得电极完全活化，增加了活性位点的数量从而使得比容量提高。随后比容量缓慢衰减直至第 500 次循环后基本保持稳定。这个结果并不令人满意，主要归因于[38,39]：①活性材料在电解液中逐渐崩塌和分解；②微观结构随着循环发生变化；③两个电极的质量不满足电荷守恒定律，从而引起电极电压的不稳定性。可能的解决办法包括以下两种：①制备均一的多孔结构的 CoO/Co_3O_4 复合材料；②将此复合材料附着在循环性能较好的碳材料体系上，比如活性炭或石墨烯。这些问题将在以后的工作中继续研究。

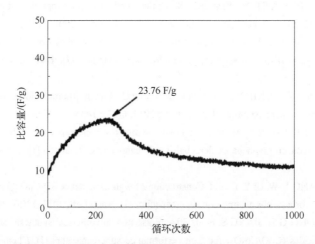

图 4.11 非对称电容器在电流密度为 1 A/g 下循环 1000 次的循环曲线

参考文献

[1] LIU X M, LONG Q, JIANG C H, et al. Facile and green synthesis of mesoporous Co_3O_4 nanocubes and their applications for supercapacitors [J]. Nanoscale, 2013, 5(14): 6525-6529.

[2] XU K B, ZOU R J, LI W Y, et al. Self-assembling hybrid NiO/Co$_3$O$_4$ ultrathin and mesoporous nanosheets into flower-like architectures for pseudocapacitance [J]. J Mater Chem A, 2013, 1(32): 9107-9113.

[3] ZHU Y G, WANG Y, SHI Y M, et al. Phase transformation induced capacitance activation for 3D graphene-CoO nanorod pseudocapacitor [J]. Adv Energy Mater, 2014, 4(9):1301788.

[4] XU J, WANG Q F, WANG X W, et al. Flexible asymmetric supercapacitors based upon Co$_9$S$_8$ nanorod//Co$_3$O$_4$@RuO$_2$ nanosheet arrays on carbon cloth [J]. ACS Nano, 2013, 7(6): 5453-5462.

[5] LEE K K, CHIN W S, SOW C H. Cobalt-based compounds and composites as electrode materials for high-performance electrochemical capacitors [J]. J Mater Chem A, 2014, 2(41): 17212-17248.

[6] WANG X W, LI M X, CHANG Z, et al. Co$_3$O$_4$@MWCNT nanocable as cathode with superior electrochemical performance for supercapacitors [J]. ACS Appl Mater Inter, 2015, 7(4): 2280-2285.

[7] KUMAR M, SUBRAMANIA A, BALAKRISHNAN K. Preparation of electrospun Co$_3$O$_4$ nanofibers as electrode material for high performance asymmetric supercapacitors [J]. Electrochim Acta, 2014, 149: 152-158.

[8] LUO F L, LI J, LEI Y, et al. Three-dimensional enoki mushroom-like Co$_3$O$_4$ hierarchitectures constructed by one-dimension nanowires for high-performance supercapacitors [J]. Electrochim Acta, 2014, 135: 495-502.

[9] FENG C, ZHANG J F, HE Y, et al. Sub-3 nm Co$_3$O$_4$ Nanofilms with Enhanced Supercapacitor Properties [J]. ACS Nano, 2015, 9(2): 1730-1739.

[10] FENG C, WANG H R, ZHANG J F, et al. One-pot facile synthesis of cobalt oxide nanocubes and their magnetic properties [J]. J Nanopart Res, 2014, 16(5): 2413.

[11] GALLANT D, PEZOLET M, SIMARD S. Optical and physical properties of cobalt oxide films electrogenerated in bicarbonate aqueous media [J]. J Phys Chem B, 2006, 110(13): 6871-6880.

[12] DENG J C, KANG L T, BAI G L, et al. Solution combustion synthesis of cobalt oxides (Co$_3$O$_4$ and Co$_3$O$_4$/CoO) nanoparticles as supercapacitor electrode materials [J]. Electrochim Acta, 2014, 132: 127-135.

[13] ZHANG Y Z, WANG Y, XIE Y L, et al. Porous hollow Co$_3$O$_4$ with rhombic dodecahedral structures for high-performance supercapacitors [J]. Nanoscale, 2014, 6(23): 14354-14359.

[14] XIE L J, WU J F, CHEN C M, et al. A novel asymmetric supercapacitor with an activated carbon cathode and a reduced graphene oxide-cobalt oxide nanocomposite anode [J]. J Power Sources, 2013, 242: 148-156.

[15] ZHOU C, ZHANG Y W, LI Y Y, et al. Construction of high-capacitance 3D CoO@Polypyrrole nanowire array electrode for aqueous asymmetric supercapacitor [J]. Nano Lett, 2013, 13(5): 2078-2085.

[16] PANG M J, LONG G H, JIANG S, et al. Ethanol-assisted solvothermal synthesis of porous nanostructured cobalt oxides (CoO/Co$_3$O$_4$) for high-performance supercapacitors [J]. Chem Eng J, 2015, 280: 377-384.

[17] GUAN C, QIAN X, WANG X H, et al. Atomic layer deposition of Co$_3$O$_4$ on carbon nanotubes/carbon cloth for high-capacitance and ultrastable supercapacitor electrode [J]. Nanotechnology, 2015, 26(9): 094001.

[18] YANG H M, OUYANG J, TANG A D. Single step synthesis of high-purity CoO nanocrystals [J]. J Phys Chem B, 2007, 111(28): 8006-8013.

[19] QIU K W, YAN H L, ZHANG D Y, et al. Hierarchical 3D mesoporous conch-like Co$_3$O$_4$ nanostructure

arrays for high-performance supercapacitors [J]. Electrochim Acta, 2014, 141: 248-254.

[20] LIU Y G, CHENG Z Y, SUN H Y, et al. Mesoporous Co_3O_4 sheets/3D graphene networks nanohybrids for high-performance sodium-ion battery anode [J]. J Power Sources, 2015, 273:878-884.

[21] GUAN C, WANG Y D, ZACHARIAS M, et al. Atomic-layer-deposition alumina induced carbon on porous $Ni_xCo_{1-x}O$ nanonets for enhanced pseudocapacitive and Li-ion storage performance [J]. Nanotechnology, 2015, 26(1): 014001.

[22] XIONG S L, CHEN J S, LOU X W, et al. Mesoporous Co_3O_4 and CoO@C topotactically transformed from chrysanthemum-like $Co(CO_3)_{0.5}(OH) \cdot 0.11H_2O$ and their Lithium-storage properties [J]. Adv Funct Mater, 2012, 22(4): 861-871.

[23] LI D H, YANG D J, ZHU X Y, et al. Simple pyrolysis of cobalt alginate fibres into Co_3O_4/C nano/microstructures for a high-performance lithium ion battery anode [J]. J Mater Chem A, 2014, 2(44): 18761-18766.

[24] WANG H, QING C, GUO J T, et al. Highly conductive carbon-CoO hybrid nanostructure arrays with enhanced electrochemical performance for asymmetric supercapacitors [J]. J Mater Chem A, 2014, 2(30): 11776-11783.

[25] CAI D P, HUANG H, WANG D D, et al. High-performance supercapacitor electrode based on the unique ZnO@ Co_3O_4 core/shell heterostructures on nickel foam [J]. ACS Appl Mater Inter, 2014, 6(18): 15905-15912.

[26] SUN D F, YAN X B, LANG J W, et al. High performance supercapacitor electrode based on graphene paper via flame-induced reduction of graphene oxide paper [J]. J Power Sources, 2013, 222: 52-58.

[27] WANG B, HE X Y, LI H P, et al. Optimizing the charge transfer process by designing Co_3O_4@PPy@MnO_2 ternary core-shell composite [J]. J Mater Chem A, 2014, 2(32): 12968-12973.

[28] XIA X H, TU J P, ZHANG Y Q, et al. High-quality metal oxide core/shell nanowire arrays on conductive substrates for electrochemical energystorage [J]. ACS Nano, 2012, 6(6): 5531-5538.

[29] LIU X Y, ZHANG Y Q, XIA X H, et al. Self-assembled porous $NiCo_2O_4$ hetero-structure array for electrochemical capacitor [J]. J Power Sources, 2013, 239: 157-163.

[30] MEHER S K, RAO G R. Effect of microwave on the nanowire morphology, optical, ,agnetic, and pseudocapacitance behavior of Co_3O_4 [J]. J Phys Chem C, 2011, 115(51): 25543-25556.

[31] HONG W, WANG J Q, GONG P W, et al. Rational construction of three dimensional hybrid Co_3O_4@$NiMoO_4$ nanosheets array for energy storage application [J]. J Power Sources, 2014, 270: 516-525.

[32] HUANG G Y, XU S M, LU S S, et al. Micro-/nanostructured Co_3O_4 anode with enhanced rate capability for Lithium-ion batteries [J]. ACS Appl Mater Inter, 2014, 6(10): 7236-7243.

[33] ZHU J H, JIANG J, SUN Z P, et al. 3D Carbon/cobalt-nickel mixed-oxide hybrid nanostructured arrays for asymmetric supercapacitors [J]. Small, 2014, 10(14): 2937-2945.

[34] CHEN P C, SHEN G Z, SHI Y, et al. Preparation and characterization of flexible asymmetric supercapacitors based on transition-metal-oxide nanowire/single-walled carbon nanotube hybrid thin-film electrodes [J]. ACS Nano, 2010, 4(8): 4403-4411.

[35] ZHANG W B, KONG L B, MA X J, et al. Design, synthesis and evaluation of three-dimensional Co_3O_4/$Co_3(VO_4)_2$ hybrid nanorods on nickel foam as self-supported electrodes for asymmetric supercapacitors [J]. J Power Sources, 2014, 269: 61-68.

[36] WEN Z B, QU Q T, GAO Q, et al. An activated carbon with high capacitance from carbonization of a

resorcinol-formaldehyde resin [J]. Electrochem Commun, 2009, 11(3): 715-718.

[37] VIDYADHARAN B, ABD AZIZ R, MISNON I I, et al. High energy and power density asymmetric supercapacitors using electrospun cobalt oxide nanowire anode [J]. J Power Sources, 2014, 270: 526-535.

[38] XIA X H, TU J P, ZHANG Y Q, et al. Freestanding Co_3O_4 nanowire array for high performance supercapacitors [J]. RSC Adv, 2012, 2(5): 1835-1841.

[39] ZHU L P, WEN Z, MEI W M, et al. Porous CoO nanostructure arrays converted from rhombic Co(OH)F and needle-like $Co(CO_3)_{0.5}(OH) \cdot 0.11H_2O$ and their electrochemical properties [J]. J Phys Chem C, 2013, 117(40): 20465-20473.

第5章
高比表面积的介孔 $NiCo_2O_4$ 纳米球

5.1 引言

相比传统的储能元件，超级电容器因本身固有的一些重要的优势，比如较短的充放电时间、高功率密度以及优秀的长时间的循环稳定性能等[1,2]使其在储能领域中占有一席之地。然而，较低的能量密度限制了超级电容器在许多重要领域作为主要动力能源的使用，因此目前就超级电容器的发展，如何在不牺牲功率密度和循环性能的前提下提高其能量密度是一项艰巨的挑战。

近几年许多研究者通过不断的努力来提高超级电容器的能量密度，但根据能量密度的计算公式 $E = 1/2CV^2$，改善超级电容器的能量密度可以通过直接增大工作的电压范围以及提高比容量两种方法来实现[3]，在水系条件下常见的一种有效的扩大超级电容器工作电势窗口的方法是组装非对称电容器[4]，非对称电容器的两个电极的电极材料储能机理并不相同，常见的是一个电极材料基于碳材料，储能为双电层储能，而另一个电极材料基于赝电容材料，储能为赝电容储能。这样，非对称电容器整体的工作电压范围就可以结合两个不同电极的电势窗口，从而大大地提高超级电容器的能量密度[5]。

另外一种有效提高能量密度的方法是开发高容量的电极材料，并合理地设计其最佳的形貌结构，最终改善超级电容器的电化学性能[6,7]。因此，多种多样的金属氧化物（Co_xO_y[8,9]、NiO[10]、MnO_2[11]、RuO_2[12]）是非对称电容器中一种可选的电极材料，因为这些金属氧化物具有较高的理论比容量，其数量级一般在 1000～4000 F/g 之间。但是，这些材料单独作为电极时的电导率很低，测试的结果会导致较低的实际比容量和令人不满意的能量密度。所以为了克服这个问题，许多课题组的研究将这些赝电容电极材料与具有较高电导率的碳材料进行复合，比如碳纳米管、碳纤维、石墨烯以及石墨烯气凝胶等。然而获得这些复合材料需要的合成过程往往既复杂又难以精准的控制[13]。为了避免这些难缠的问题，一些二元金属氧化物的复合物，比如 Ni-Co、Co-Mo、Co-Ru 等二元金属的氧化物吸引了全世界的关注，因为这些二元金属氧化物复合物中具有的混合、多样元素价态的特性既有利于离子传输又可以提供丰富的氧化还原反应。在这些众多的二元金属氧化物复合物中，钴酸镍（$NiCo_2O_4$）因其电导率至少比氧化镍或氧化钴的电导率大两个数量级而备受关注[14]。此外，与单相氧化物相比，具有尖晶石结构的 $NiCo_2O_4$ 的电化学活性更高，而且不同金属离子的存在也提供了更丰富的赝电容反应[15]。鉴于这些独一无二的特性，$NiCo_2O_4$ 被认为是超级电容器中最有前景的一种电极材料。目前，许多具有尖晶石结构的 $NiCo_2O_4$ 纳米材料被广泛地合成，常见的方法有水热合成法[16]和溶剂热合成法[17]，与此同时许多其他的方法，比如溶胶-凝胶法、电沉积法以及微波辅助技术等也用来成功地合成 $NiCo_2O_4$ 纳米材料，这些方法各有千秋，但都相对费时、程序复杂、成本昂贵（高温反应），而且只限于少量生产，这大大限制了它们的使用。因此，制备具有介孔结构、高比表面以及复杂的 3D 结构的 $NiCo_2O_4$ 纳米材料仍是一项严峻的挑战。

  本章介绍我们发明的一种成本低廉的简单方法制备原始的介孔 $NiCo_2O_4$ 纳米球，即无模板剂碳酸氢钠辅助的共沉淀方法，之后再进行煅烧处理。这些具有高比表面积的纳米球进一步自组装成三维复杂的骨架结构，这种结构有利于减缓电极材料在充放电过程中发生的体积变化。当制备的 $NiCo_2O_4$ 纳米球被用作超级电容器电极材料时，其表现出了优秀的倍率性能和循环性能，为了更进一步验证制备的材料具有发展前景，我们又组装了基于 $NiCo_2O_4$ 为正极材料和活性炭为负极材料的非对称电容器，其能量密度数值也比之前文献报道的结果要高，加上制备方法简单、成本低廉、产物生产率较高等优势，这为超级电容器的实际应用开辟了一条新的路径。

5.2 NiCo$_2$O$_4$纳米球的典型合成方法

首先配制溶液 A：将 0.374 g 的醋酸钴和 0.291 g 的硝酸镍依次加入到 25 mL 的二次水中并持续搅拌 2 h。然后配制溶液 B：将 0.5 g 的碳酸氢钠缓慢地加入到 20 mL 的二次水溶液中，同样维持搅拌 2 h 得到透明溶液。将 B 溶液用一次性滴管缓慢地逐滴加入到 A 溶液中，随着 B 溶液的不断加入，A 溶液逐渐变成粉红色悬浮溶液，将混合后的溶液在室温下继续搅拌 12 h，之后静置 2 h，收集沉淀物并用二次水和无水乙醇少量多次进行离心清洗，收集到的产物放入 60℃ 的真空干燥箱烘干过夜。最后将干燥的粉色前驱体放入马弗炉中在 250℃ 下煅烧 3 h。制备的钴酸镍产物的生产效率大于 90%，在本章制备钴酸镍的方法中包括三个简单的反应过程，反应式分别如下[18]：

$$NaHCO_3 \longrightarrow Na^+ + HCO_3^- \qquad (5.1)$$

$$HCO_3^- + H_2O \rightleftharpoons H_2CO_3 + OH^- \qquad (5.2)$$

$$Ni^{2+} + 2Co^{2+} + 6OH^- \longrightarrow NiCo_2(OH)_6 \qquad (5.3)$$

煅烧完成后，干燥得到的 NiCo$_2$(OH)$_6$ 前驱体通过最后的脱水脱氧反应转变成了最终的尖晶石钴酸镍产物。

5.3 NiCo$_2$O$_4$纳米材料的表征

首先利用扫描电镜对制备的钴酸镍纳米材料的微观形貌进行表征，相应的低倍和高倍 SEM 照片如图 5.1 所示，很明显 NiCo$_2$O$_4$ 的整体形貌呈球形，这些纳米球颗粒的粒径介于几十纳米到几百纳米之间，并且大部分的 NiCo$_2$O$_4$ 纳米球颗粒自组装成较为复杂的三维纳米结构，而且在高倍扫描电子显微镜下可以看出每一个 NiCo$_2$O$_4$ 纳米球都是由许多微小的纳米粒子组成的。此外，相互交叉的纳米颗粒会形成一种含有丰富孔道结构的相对疏松的三维结构，这种结构可以完全扩大电解液与电极之间的界面有效面积，提供有利于电解液离子快速嵌入和脱出的通道，从而促进法拉第反应[9]。与此同时，这种自组装的 3D 骨架既能改善电子传导率又能提供高效电荷传输，导致电化学性能得以大大提升。

图 5.1 NiCo₂O₄ 纳米材料的（a）低倍和（b）高倍 SEM 照片

从图 5.2 中可以看出制备的 NiCo₂O₄ 纳米球无规则地自由组装成三维结构，对相应的电镜照片进行能谱测试发现 O、Ni 和 Co 等元素信号，并且这些元素分布均匀，明暗程度相近，每一种元素的信号图片与扫描电镜的形状相似，说明制备的材料中确实含有氧、镍和钴三种元素，这与后面测试的 XPS 结果相吻合。

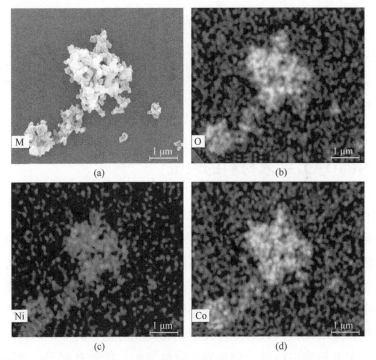

图 5.2 NiCo₂O₄ 纳米球具有代表性的 SEM 照片（a）以及 O、Ni、Co 的
mapping 元素分析（b）~（d）

图 5.3（a）显示的是钴酸镍纳米球的 X 射线衍射图谱，从中可以看出制备的立方尖晶石 $NiCo_2O_4$ 相的纯度以及结晶度，很明显 XRD 图谱与 PDF 20-0718 显示的图谱（灰线条标记）完全吻合，在 2θ = 18.9°、31.1°、36.69°、44.62°、59.09°和 64.98°时出现的衍射峰分别对应（111）、（220）、（311）、（400）、（511）和（440）晶面[1]，而且在此 XRD 图谱中没有出现任何其他杂峰，说明我们制备的材料为纯相钴酸镍，从峰宽可以简单地判断其颗粒较小，在纳米级范围，这与扫描电子显微镜得到的结果类似。另外，合成的 $NiCo_2O_4$ 纳米球的介孔特性通过 N_2 的吸附和脱附进行测试，相应的测试曲线如图 5.3（b）所示，$NiCo_2O_4$ 的等温吸附线是典型的Ⅳ型曲线，而且在相对电压范围为 0.6～1.0 之间存在一个定义明确的 H_4 型回滞环，这些性质证明 $NiCo_2O_4$ 具有结构良好的介孔特性[19]。

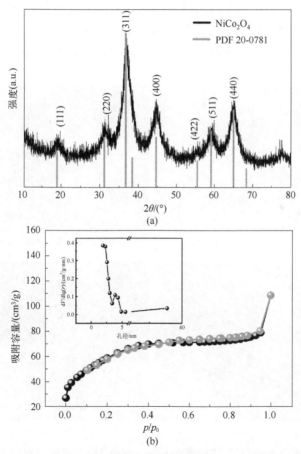

图 5.3 $NiCo_2O_4$ 纳米球的（a）XRD 图谱和（b）N_2 吸附脱附曲线，插图为相应的孔径分布曲线

通过BET方法计算NiCo$_2$O$_4$纳米球的比表面积和孔体积分别为215.98 m^2/g和0.154 cm^3/g。插图是根据BJH脱附曲线分析得到的孔径分布曲线，从图中可以看出整体的孔径分布不是很均匀，主要在介孔和大孔范围之间，而在4 nm附近存在一个中孔峰位，说明NiCo$_2$O$_4$纳米球存在的介孔孔径主要集中在4 nm，这样大小的介孔孔径非常有利于离子、电子在电极之间的扩散传输[20]。本章介绍的NiCo$_2$O$_4$纳米球不仅具有较高的比表面积而且还具有独特的介孔特性，这种丰富的多孔结构既增大了电极/电解液之间的接触面积，也缩短了离子运动至电极内表面的扩散路径，当被用作超级电容器电极材料进行储能时，在较高的电流密度下可以发生足够多的氧化还原反应。所以制备的NiCo$_2$O$_4$纳米球可以被认为是一种有前途的超级电容器电极材料[9]。

为了更进一步研究NiCo$_2$O$_4$纳米球的形貌和介孔性质，继续对NiCo$_2$O$_4$纳米球进行了TEM测试，结果如图5.4所示。图5.4（a）显示的是低倍条件下测试的TEM图像，很明显含有丰富孔结构的NiCo$_2$O$_4$纳米球是由许多微小的纳

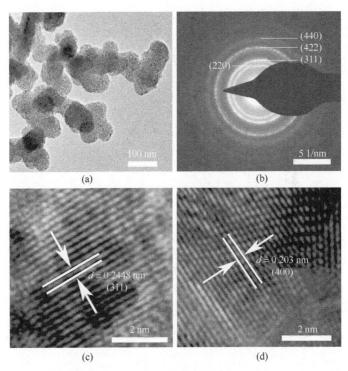

图5.4 NiCo$_2$O$_4$纳米球的TEM图像：（a）低倍TEM图像；（b）选区电子衍射；（c）~（d）高分辨TEM图像

米颗粒组装而成的,这些微小的纳米颗粒的粒径为 5 nm ± 2 nm,这与 SEM 结果相同。此外,邻近的纳米颗粒之间可以明确地看到许多空白间隙,这被认为是 $NiCo_2O_4$ 纳米球中均匀分布的介孔结构,这种多孔特性可以进一步增加活性位点的数量并促进电解液的渗透[2],纳米球的介孔孔径大约是在 2～5 nm,这与等温吸附脱附曲线得到的结果一致。图 5.4(b)是制备的电极材料的选区电子衍射,清晰的同心衍射环说明了 $NiCo_2O_4$ 纳米球的多晶特性,衍射环从中心向外分别对应着 $NiCo_2O_4$ 的(220)、(311)、(422)和(440)晶面,除此以外,我们对 $NiCo_2O_4$ 纳米球的部分区域进行高分辨 TEM 测试,图 5.4(c)显示的毫不含糊的晶格间距为 0.2448 nm,对应 $NiCo_2O_4$ 的(311)晶面,图 5.4(d)显示的晶格间距为 0.203 nm,PDF 20-0781 卡片中 $NiCo_2O_4$ 的(400)晶面[21]的晶格间距理论值为 0.2029 nm,测试值与理论值完全符合,更进一步证明了制备的粉体材料是立方尖晶石 $NiCo_2O_4$,这与 XRD 得到的结果完全一致。

为了得到所制备样品近表面的元素成分及化合价,采用 XPS 表征对 $NiCo_2O_4$ 纳米球样品进行测试,如图 5.5 所示。从图 5.5(a)显示的 $NiCo_2O_4$ 样品的 XPS 全谱图可以发现 Ni 2p、Co 2p 和 O 1s 三种元素的信号峰,说明制备的样品中含有镍、钴和氧三种元素,这与图 5.2 测试的 mapping 结果相一致。之后同样通过高斯拟合的方法将 Ni 2p 图谱 [图 5.5(b)] 拟合成两个结合能分别位于 855.6 eV 和 852.2 eV 的自旋-轨道对和相应的两个卫星峰,图中标记为 Sat.,两个自旋-轨道对分别代表了 $NiCo_2O_4$ 纳米球样品表面的 Ni^{2+}(855.8 eV、873.3eV)和 Ni^{3+}(854.7eV、871.2 eV),类似的 Co 2p 图谱 [图 5.5(c)] 也可以拟合成 Co^{2+} 和 Co^{3+} 特有的两个自旋-轨道对和两个卫星峰[22],这些结果说明合成的 $NiCo_2O_4$ 纳米球含有丰富的元素价态,包括 Co^{2+}、Co^{3+}、Ni^{2+} 和 Ni^{3+},这与之前报道的结果一致,而且丰富的元素价态可以促进电极材料的电化学稳定性[18,22]。为了检测 $NiCo_2O_4$ 纳米球中氧与镍、锰、氢等的相互作用关系,对制备的样品进行了高分辨 X 光电子能谱,如图 5.5(d)所示,从图中可以看到 O 1s 图谱可以拟合成四个组分,分别将结合能位于 529.47 eV、530.5 eV、531.3 eV 和 532.1 eV 的特征峰标记为 O_1、O_2、O_3 和 O_4,其中 O_1 成分主要代表的是金属氧化物中氧的特征峰,O_2 成分代表 $NiCo_2O_4$ 样品表面的羟基官能团[23],O_3 和 O_4 分别代表的是低氧条件下造成的缺陷特性和材料表面的物理/化学吸附水[24,25]。关于钴酸镍的每个分峰对应的结合能等详细信息见表 5.1。

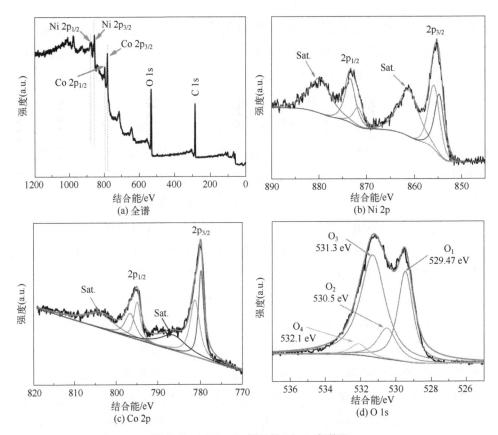

图 5.5 NiCo₂O₄ 样品的 XPS 光谱图

表 5.1 NiCo₂O₄ 纳米球 XPS 光谱图中每个分峰对应的结合能

XPS 光谱	Ni 2p			Co 2p			O 1s			
	Ni^{2+}	Ni^{3+}	Sat.	Co^{2+}	Co^{3+}	Sat.	O_1	O_2	O_3	O_4
结合能/eV	873.3	871.2	879.7	796.6	794.9	803.83	529.47	530.5	531.3	532.1
	855.8	854.7	861.2	781.2	779.7	786.28				

5.4　NiCo₂O₄ 纳米材料的电化学性能测试

5.4.1　三电极体系测试

为了评估制备的 NiCo₂O₄ 的电化学性能，我们首先在 0～0.4 V 电压范围之间进行了不同扫描速率的循环伏安测试，相应的 CV 曲线如图 5.6（a）所示，很明显 $NiCo_2O_4$ 的 CV 曲线的形状具有明显的氧化还原峰，与具有理想矩形特性的双电层电容器完全不同，说明 $NiCo_2O_4$ 纳米球在碱性环境下的储能反应主要源于赝电容反应而不是双电层的静电吸附，与图中氧化还原峰对应的可逆的反应式如下所示[26]：

$$NiCo_2O_4 + H_2O + OH^- \rightleftharpoons 2CoOOH + NiOOH + e^- \quad (5.4)$$

$$CoOOH + OH^- \rightleftharpoons CoO_2 + H_2O + e^- \quad (5.5)$$

$$NiOOH + OH^- \rightleftharpoons NiO_2 + H_2O + e^- \quad (5.6)$$

根据扫描速率为 5 mV/s 的 CV 曲线可以判断出氧化反应和还原反应发生的电势值分别位于 0.25 V 和 0.15 V，但是在图中只观察到一对氧化还原峰而不是两个可逆反应式对应的两对氧化还原峰，这是由于 Ni^{2+}/Ni^{3+} 和 Co^{3+}/Co^{4+} 之间的价态转化时的电压值非常接近，以至于两对氧化还原峰出现重叠覆盖，所以在 CV 曲线中并不能将其明确分开[27]。此外，更有趣的是随着扫描速率从 5 mV/s 不断增大到 100 mV/s 时，氧化还原的电流值也不断增大，即 CV 曲线的面积不断增大，这证明在运用的扫描速率中 $NiCo_2O_4$ 电极材料的电子、离子的界面动力运动的速度是足够快的[28]。与此同时，随着扫描速率的不断增大，氧化峰和还原峰的位置分别移动到更高和更低电势位置，这主要归因于电极的极化效应[29]。作为对比，$NiCo_2O_4$ 电极和没有附着任何粉体材料的纯泡沫镍均在扫描速率为 10 mV/s 下进行循环伏安测试 [图 5.6（b）]，结果发现纯泡沫镍的 CV 曲线的面积非常小，说明纯泡沫镍基底在碱性条件下提供的比容量非常小，可以忽略不计[30]。根据第 1 章提到的公式（1.1）可以计算 $NiCo_2O_4$ 纳米球在扫描速率为 5 mV/s 时的比容量为 634 F/g，当扫描速率增大 10 倍时，比容量减小到 576 F/g，扫描速率越大，比容量越小，这个现象主要是因为在较高的扫描速率下，电解液中的离子没有足够的时间进入到电极材料的内部，只有 $NiCo_2O_4$ 纳米球外表面的活性位点参加反应并进行电荷的储存，所以相应的比容量会降低。

虽然通过 CV 曲线也可以估算电极材料的比容量，但常用的计算比容量的方法是对电极材料进行恒流充放电测试，如图 5.7（a）所示，我们对 $NiCo_2O_4$ 纳米球进行了 GCD 测试，电流密度从 2 A/g 逐渐增大到 20 A/g，测试曲线呈镜

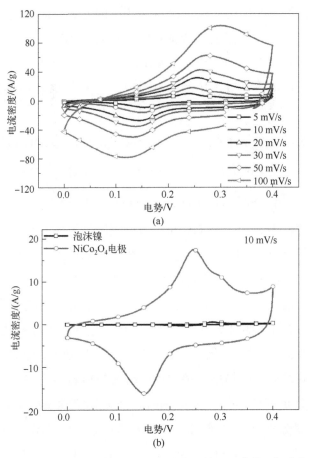

图5.6 （a）NiCo$_2$O$_4$纳米球在不同扫描速率下的CV曲线；（b）扫描速率为10 mV/s时纯泡沫镍和NiCo$_2$O$_4$纳米球对应的CV曲线对比图

像特征，说明NiCo$_2$O$_4$发生赝电容反应的可逆性很高，而且所有的GCD曲线都在电势为0.25 V和0.15 V位置分别出现了充电平台和放电平台，这与CV曲线中的氧化峰、还原峰一致。另外，根据第1章公式（1.3）计算NiCo$_2$O$_4$纳米球在电流密度为2 A/g、3 A/g、5 A/g、10 A/g、15 A/g和20 A/g时的比容量分别为842 F/g、823 F/g、783 F/g、734 F/g、700 F/g和673 F/g，这种随着电流密度的增大比容量逐渐减小的趋势，意味着电极材料内部的活性位点在高电流密度下不能完全维持氧化还原反应[31,32]。图5.7（b）显示的是比容量与电流密度的一个相关曲线，当测试的电流密度放大10倍后比容量的保持率为79.9%，证明制备的NiCo$_2$O$_4$纳米球具有良好的倍率性能。

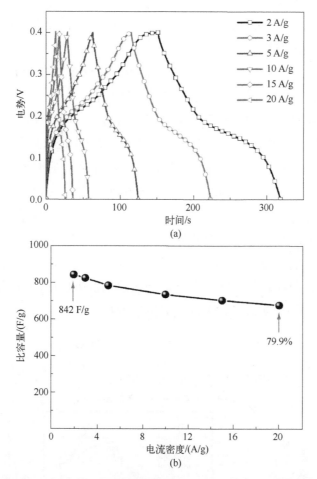

图 5.7 （a）在不同电流密度下的 GCD 曲线 （b）倍率性能

NiCo$_2$O$_4$ 纳米球的循环性能是通过对其在 30 mV/s 下进行 5000 次 CV 测试来评估的，测试的结果如图 5.8 所示，很明显可以观察到在进行 1000 次循环后 NiCo$_2$O$_4$ 电极的比容量保持率是第一次循环的 107%，即比容量不断增长，一般认为此时电极开始活化，在这个过程中电解液中的离子逐渐地渗透到电极材料的内部，使得越来越多的活性物质被活化，从而使得比容量不断地增大[33]。5000 次 CV 测试之后，比容量保持率仍保持在 103%，意味着 NiCo$_2$O$_4$ 电极具有极好的长期的循环稳定性。考虑到 5000 次 CV 测试后电极也并没有明显的质量损失，分析这种优秀的电化学性能主要归因于以下几个因素：

① NiCo$_2$O$_4$ 纳米球具有较大的有效比表面积，这不仅可以提高材料的利用

率，还可以有效调节材料的体积变化，从而在循环过程允许一定的应变松弛，使材料不容易发生坍塌[34]；

② 在 $NiCo_2O_4$ 纳米球中存在令人满意的孔径分布（约 4 nm），这为确保电极和电解液之间充分的接触提供了有效的传输路径。

所有这些特性都有利于提高超级电容器的倍率性能和循环性能[35]。此外，$NiCo_2O_4$ 电极在不同循环次数下的 CV 曲线对比图如图 5.8 中插图所示，很明显第 1000 次循环的 CV 密闭曲线的面积比第一次循环对应的 CV 面积大，1000 次循环之后基本保持不变，这说明在开始的 1000 次循环中确实存在一定的活化过程，之后 $NiCo_2O_4$ 维持稳定，但值得注意的是，之后基本重叠的 CV 曲线中出现了一对新的氧化还原峰，电势分别位于 0.31 V 和 0.17 V，这对发生偏移的峰主要是由如下的反应式（5.7）引起的，因为在较低的电压范围主要发生的是 $Co(Ⅱ)/Co(Ⅲ)$ 之间的转化，随着在高电势下发生析氧反应，$Co(Ⅲ)/Co(Ⅳ)$ 之间的转化成为主导[36]，从而导致了峰位置发生偏移。

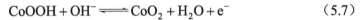

$$CoOOH + OH^- \rightleftharpoons CoO_2 + H_2O + e^- \tag{5.7}$$

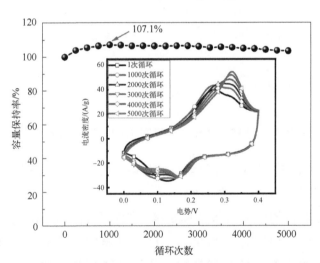

图 5.8 在扫描速率为 30 mV/s 时进行 5000 次的 CV 测试对应的循环性能曲线，插图为不同循环次数下对应的 CV 曲线

图 5.9 显示的是 $NiCo_2O_4$ 电极在开路电位下 5000 次 CV 循环前后对比的 EIS 图谱，测试的频率范围是 0.1 Hz～10 kHz，扰动振幅是 10 mV，测试的仪器是荷兰的 IVIUMSTAT 电化学工作站，插图中阻抗的等效电路图的拟合是通过仪

器自带的软件进行分析和研究的，在等效电路图中标记的不同元件参数代表在电极/电解液之间发生着不同的电化学过程，比如 R_s 代表等效串联内阻，主要包括电解液的离子内阻、基底的固有内阻和活性材料/集流体之间的接触内阻三大部分[37]，在交流阻抗图谱中 EIS 曲线与实轴的第一个交点对应的数值即为 R_s 的大小；R_{ct} 代表离子电荷的转移内阻，主要是法拉第反应和双电层电容（C_{dl}）引起的[38]；Z_w 被叫做瓦尔堡阻抗，代表 OH^- 离子在钴酸镍/泡沫镍集流体之间因浓度差引起的扩散内阻，在 EIS 曲线中对应于低频区斜率为 45°的直线；CPE 是与扩散内阻有关的一个常相位角元件[39]。很明显，5000 次 CV 循环前后 EIS 图谱的形状基本相似，都是在高频部分存在一个半圆环，在中低频区域是一条直线，唯一不同的是循环后的半圆环直径变大。根据对上述元件参数的描述，$NiCo_2O_4$ 电极拟合后的 R_s 值为 0.088 Ω，循环后的电荷转移内阻从 0.241 Ω 增大到 0.927 Ω，可见整体 $NiCo_2O_4$ 电极的内阻都比较小，证明了 $NiCo_2O_4$ 纳米球用作超级电容器电极材料时具有优秀的电导率，而循环后 R_{ct} 的增大主要归因于在长期的电化学测试过程中电解液发生部分分解引起电导率的降低。

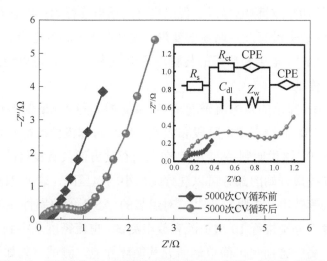

图 5.9　5000 次 CV 测试前后对比的 EIS 图谱，插图为低频的放大部分和拟合的等效电路图

5.4.2　非对称电容器性能

为了评估制备的 $NiCo_2O_4$ 电极材料的电化学性能，我们组装了具有较高质

量的 $NiCo_2O_4$||AC 非对称电容器（$m_{共}$ = 14.4 mg）。首先要确定的是组装的非对称电容器（ASC）工作的电势窗口。图 5.10（a）显示的是 $NiCo_2O_4$||AC 非对称电容器在不同电势窗口下的 CV 曲线，很明显在 0～1.4 V 这个狭窄的电压范围下，ASC 对应的 CV 曲线中并没有发现明显的氧化还原峰，这也就意味着在这个电压范围下制备的 $NiCo_2O_4$ 的赝电容行为并不能够完全发挥作用。当电势窗口增大到 1.5 V、1.6 V 时，组装的 ASC 的 CV 曲线发生了扭曲，表现出典型的赝电容行为。考虑到能量密度与电压的平方成正比的关系，这两种电压范围相比，1.6 V 更适合制备的 $NiCo_2O_4$ 纳米球被应用在非对称电容器上。然而当电压范围增大到 1.7 V 时，CV 曲线出现了尖锐的极化峰，即在高电压值时电流戏剧性地增大，这是因为在此电压下电解液会分解成可释放的氢气和氧气，因此之后继续增大电压范围到 1.8 V 时，对 $NiCo_2O_4$||AC 非对称电容器来说更不合适。所以为了研究整体的电化学性能，基于 $NiCo_2O_4$ 的非对称电容器最佳工作电势窗口为 0～1.6 V。

组装的最优 $NiCo_2O_4$||AC 非对称电容器在扫描速率范围为 5 mV/s 到 100 mV/s 之间的 CV 曲线如图 5.10（b）所示，所有的曲线都表现出明显的氧化还原峰，说明组装的非对称电容器表现出良好的赝电容行为；即使在较高的扫描速率下，CV 曲线也没有发生明显的变形，说明在 $NiCo_2O_4$ 电极和 KOH 电解液之间的内阻较低[40]，电子和离子的传输速率也很快。这些也可以通过之后的 EIS 测试来进一步佐证。

图 5.10（c）显示的是电流密度从 0.2 A/g 增大到 2 A/g 时的恒流充放电曲线。所有的 GCD 曲线在充电阶段和放电阶段呈对称镜像特征，表现出典型的等腰三角形形状，这说明制备的 ASC 在电荷存储方面具有良好的平衡关系。此外，在放电曲线最开始的部分可以观察到微小的电压降，表明 $NiCo_2O_4$||AC 非对称电容器的等效串联内阻较小[41]。对组装的 ASC 的倍率性能的测试是在不同的电流密度下分别进行 10 次恒流充放电测试，电流密度从小到大，一方面说明倍率性能，另一方面也可简单地研究其循环性能，测试结果如图 5.10（d）所示。根据第 1 章公式（1.3）计算出 $NiCo_2O_4$ 基的 ASC 在电流密度为 0.2 A/g（2.88 mA/cm^2）时的比容量为 83.7 F/g，电流密度为 2 A/g 时的比容量为 46.3 F/g，经过 50 次不同电流的 GCD 测试后，再把电流密度设置成 0.2 A/g 时，$NiCo_2O_4$||AC 非对称电容器的比容量可以恢复到 81.6 F/g，进一步证明了组装的非对称电容器具有较高的可逆性和良好的循环性。

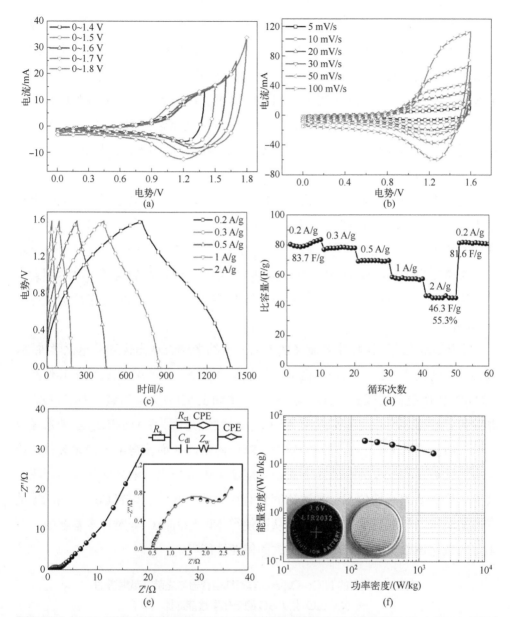

图 5.10 NiCo$_2$O$_4$‖AC 非对称电容器（a）在不同电压范围下的 CV 曲线；（b）在 0~1.6 V 之间不同扫描速率下的 CV 曲线；（c）不同电流密度下的 GCD 曲线；（d）倍率性能比较图；（e）交流阻抗图谱，插图为局部放大图阻抗谱及等效电路图；（f）能量密度和功率密度相关的数据，插图是 CR-2032 型纽扣电池正反面的数码照片

为了深入研究 $NiCo_2O_4$ 基非对称电容器的电化学性能，进一步对其进行了交流阻抗的测试，实验结果如图 5.10（e）所示。与三电极测试的结果类似，EIS 图谱在高频部分显示的是一个较小的半圆环，低频区域表现出一条直线，通过最终的拟合数据发现与 X 轴的第一个交点的截距，即等效串联内阻 R_s 为 0.48 Ω，相应的电荷转移内阻为 2.04 Ω，这再次说明 $NiCo_2O_4$ 的多孔性和 OH^- 离子良好的扩散性。此外，在电极/电解液界面之间组装的 $NiCo_2O_4$‖AC 非对称电容器中的离子具有良好的分配、连接关系，因此较低的 R_{ct} 可以确保组装的器件获得更高的功率密度。

对于组装的器件来说，我们一般比较关心其在实际中的应用，相应的电化学参数就是器件的能量密度和功率密度。图 5.10（f）显示的是 $NiCo_2O_4$‖AC 非对称电容器的能量比较图，根据第 1 章公式（1.5）和公式（1.6）可以计算当功率密度为 159.4 W/kg 时，$NiCo_2O_4$‖AC 非对称电容器的能量密度达到最大值，为 29.76 W·h/kg；当功率密度增大到 1648 W/kg 时，其能量密度仍可达到 16.48 W·h/kg。

上述测试结果表明，本章制备的 $NiCo_2O_4$ 纳米球表现出优异的电化学性能，包括较高的倍率性能、高功率密度、高能量密度等，这些性能远优于其他基于 $NiCo_2O_4$ 的电极材料或其复合材料，对比结果如表 5.2 所示：组装的 $NiCo_2O_4$‖AC 非对称电容器之所以具有如此优秀的电化学性能是因为：①$NiCo_2O_4$ 纳米球自组装形成三维骨架有利于提高电导率，降低内阻，从而使得电子快速转移，提高倍率性能；②较大的有效比表面积既能增大电极与电解液之间的接触面积，又能供给更多的活性位点，导致比容量有巨大的提高[42]；③$NiCo_2O_4$ 纳米球的介孔结构可以释放合适的孔体积，从而使得 $NiCo_2O_4$‖AC 非对称电容器中具有丰富的氧化还原反应，可以实现更大的储能性能[43]。

表 5.2 制备的 $NiCo_2O_4$‖AC 非对称电容器与之前文献报道的 $NiCo_2O_4$ 基 ASC 的电化学性能对比

样品	最大能量密度	功率密度	引用文献
RGO‖$NiCo_2O_4$	23.9 W·h/kg	650 W/kg	[13]
AC‖C/$CoNi_2O_4$	29.1 W·h/kg	130.4 W/kg	[20]
AC‖CQDs/$NiCo_2O_4$	27.8 W·h/kg	128 W/kg	[39]
AC‖CNT@$NiCo_2O_4$	19.7 W·h/kg	62.5 W/kg	[41]

续表

样品	最大能量密度	功率密度	引用文献
AC‖NiCo$_2$O$_4$	27.2 W·h/kg	102 W/kg	[42]
AC‖Ni-钴氧化物	12 W·h/kg	95 W/kg	[43]
AC‖NiCo$_2$O$_4$	29.76 W·h/kg	159.4 W/kg	本工作

参考文献

[1] MONDAL A K, SU D W, CHEN S Q, et al. A microwave synthesis of mesoporous NiCo$_2$O$_4$ nanosheets as electrode materials for Lithium-ion batteries and supercapacitors [J]. ChemPhysChem, 2015, 16(1): 169-175.

[2] XIONG W, GAO Y S, WU X, et al. Composite of macroporous carbon with honeycomb-like structure from mollusc shell and NiCo$_2$O$_4$ nanowires for high-performance supercapacitor [J]. ACS Appl Mater Inter, 2014, 6(21): 19416-19423.

[3] XU J, WANG Q F, WANG X W, et al. Flexible asymmetric supercapacitors based upon Co$_9$S$_8$ nanorod// Co$_3$O$_4$@RuO$_2$ nanosheet arrays on carbon cloth [J]. Acs Nano, 2013, 7(6): 5453-5462.

[4] TANG Q Q, CHEN M M, WANG L, et al. A novel asymmetric supercapacitors based on binder-free carbon fiber paper@ nickel cobaltite nanowires and graphene foam electrodes [J]. J Power Sources, 2015, 273: 654-662.

[5] PENG H, MA G F, SUN K J, et al. High-performance aqueous asymmetric supercapacitor based on carbon nanofibers network and tungsten trioxide nanorod bundles electrodes [J]. Electrochim Acta, 2014, 147: 54-61.

[6] ZHU Y R, WU Z B, JING M J, et al. 3D network-like mesoporous NiCo$_2$O$_4$ nanostructures as advanced electrode material for supercapacitors [J]. Electrochim Acta, 2014, 149: 144-151.

[7] LI Y H, ZHOU M, CUI X, et al. Hierarchical structures of nickel, cobalt-based nanosheets and iron oxyhydroxide nanorods arrays for electrochemical capacitors [J]. Electrochim Acta, 2015, 161: 137-143.

[8] XIA X H, TU J P, ZHANG Y Q, et al. Freestanding Co$_3$O$_4$ nanowire array for high performance supercapacitors [J]. RSC Adv, 2012, 2(5): 1835-1841.

[9] PANG M J, LONG G H, JIANG S, et al. Ethanol-assisted solvothermal synthesis of porous nanostructured cobalt oxides (CoO/Co$_3$O$_4$) for high-performance supercapacitors [J]. Chem Eng J, 2015, 280: 377-384.

[10] CAO F, PAN G X, XIA X H, et al. Synthesis of hierarchical porous NiO nanotube arrays for supercapacitor application [J]. J Power Sources, 2014, 264: 161-167.

[11] YAO W, WANG J, LI H, et al. Flexible alpha-MnO$_2$ paper formed by millimeter-long nanowires for supercapacitor electrodes [J]. J Power Sources, 2014, 247: 824-830.

[12] WU Z S, WANG D W, REN W, et al. Anchoring hydrous RuO$_2$ on graphene sheets for high-performance electrochemical capacitors [J]. Adv Funct Mater, 2010, 20(20): 3595-3602.

[13] CHEN H C, JIANG J J, ZHANG L, et al. Facilely synthesized porous NiCo$_2$O$_4$ flowerlike nanostructure for high-rate supercapacitors [J]. J Power Sources, 2014, 248: 28-36.

[14] YAN T, LI R Y, LI Z J, et al. A facile and scalable strategy for synthesis of size-tunable NiCo$_2$O$_4$ with nanocoral-like architecture for high-performance [J]. Electrochim Acta, 2014, 134: 384-392.

[15] ZHANG Q B, CHEN H X, WANG J X, et al. Growth of hierarchical 3D mesoporous NiSi$_x$/ NiCo$_2$O$_4$ core/shell heterostructures on nickel foam for lithium-ion batteries [J]. Chemsuschem, 2014, 7(8): 2325-2334.

[16] LIU J, LIU C P, WAN Y L, et al. Facile synthesis of NiCo$_2$O$_4$ nanorod arrays on Cu conductive substrates as superior anode materials for high-rate Li-ion batteries [J]. Crystengcomm, 2013, 15(8): 1578-1585.

[17] LI J F, XIONG S L, LIU Y R, et al. High electrochemical performance of monodisperse NiCo$_2$O$_4$ mesoporous microspheres as an anode material for li-ion batteries [J]. ACS Appl Mater Inter, 2013, 5(3): 981-988.

[18] NGUYEN V H, SHIM J J. Three-dimensional nickel foam/graphene/ NiCo$_2$O$_4$ as high-performance electrodes for supercapacitors [J]. J Power Sources, 2015, 273: 110-117.

[19] KUANG M, WEN Z Q, GUO X L, et al. Engineering firecracker-like beta-manganese dioxides@spinel nickel cobaltates nanostructures for high-performance supercapacitors [J]. J Power Sources, 2014, 270: 426-433.

[20] LEI Y, LI J, WANG Y Y, et al. Rapid microwave-assisted green synthesis of 3D hierarchical flower-shaped NiCo$_2$O$_4$ microsphere for high-performance supercapacitor [J]. ACS Appl Mater Inter, 2014, 6(3): 1773-1780.

[21] PANG M J, JIANG S, LONG G H, et al. Mesoporous NiCo$_2$O$_4$ nanospheres framework with high specific surface area as electrode materials for high-performance supercapacitors [J]. RSC Adv, 2016, 6: 67839-67848.

[22] SHEN J F, LI X F, LI N, et al. Facile synthesis of NiCo$_2$O$_4$-reduced graphene oxide nanocomposites with improved electrochemical properties [J]. Electrochim Acta, 2014, 141: 126-133.

[23] YU X X, SUN Z J, YAN Z P, et al. Direct growth of porous crystalline NiCo$_2$O$_4$ nanowire arrays on a conductive electrode for high-performance electrocatalytic water oxidation [J]. J Mater Chem A, 2014, 2(48): 20823-20831.

[24] XU J M, HE L, XU W, et al. Facile synthesis of porous NiCo$_2$O$_4$ microflowers as high-performance anode materials for advanced lithium-ion batteries [J]. Electrochim Acta, 2014, 145: 185-192.

[25] CHEN R, WANG H Y, MIAO J W, et al. A flexible high-performance oxygen evolution electrode with three-dimensional NiCo$_2$O$_4$ core-shell nanowires [J]. Nano Energy, 2015, 11: 333-340.

[26] WANG J P, WANG S L, HUANG Z C, et al. High-performance NiCo$_2$O$_4$@Ni$_3$S$_2$ core/shell mesoporous nanothorn arrays on Ni foam for supercapacitors [J]. J Mater Chem A, 2014, 2(41): 17595-17601.

[27] ZHU Y R, JI X B, WU Z P, et al. Spinel NiCo$_2$O$_4$ for use as a high-performance supercapacitor electrode material: Understanding of its electrochemical properties [J]. J Power Sources, 2014, 267: 888-900.

[28] ZHANG Q, DENG Y H, HU Z H, et al. Seaurchin-like hierarchical NiCo$_2$O$_4$@NiMoO$_4$ core-shell nanomaterials for high performance supercapacitors [J]. Phys Chem Chem Phys, 2014, 16(42): 23451-23460.

[29] YAN J, FAN Z J, SUN W, et al. Advanced asymmetric supercapacitors based on Ni(OH)$_2$/graphene and

porous graphene electrodes with high energy density [J]. Adv Funct Mater, 2012, 22(12): 2632-2641.

[30] XIONG S L, CHEN J S, LOU X W, et al. Mesoporous Co_3O_4 and CoO@C topotactically transformed from chrysanthemum-like $Co(CO_3)_{0.5}(OH) \cdot 0.11H_2O$ and their lithium-storage properties [J]. Adv Funct Mater, 2012, 22(4): 861-871.

[31] KHALID S, CAO C B, AHMAD A, et al. Microwave assisted synthesis of mesoporous $NiCo_2O_4$ nanosheets as electrode material for advanced flexible supercapacitors [J]. RSC Adv, 2015, 5(42): 33146-33154.

[32] WANG B, HE X Y, LI H P, et al. Optimizing the charge transfer process by designing Co_3O_4@PPy@MnO_2 ternary core-shell composite [J]. J Mater Chem A, 2014, 2(32): 12968-12973.

[33] XIA X H, TU J P, ZHANG Y Q, et al. High-quality metal oxide core/shell nanowire arrays on conductive substrates for electrochemical energy storage [J]. Acs Nano, 2012, 6(6): 5531-5538.

[34] ZHOU J, HUANG Y, CAO X H, et al. Two-dimensional $NiCo_2O_4$ nanosheet-coated three-dimensional graphene networks for high-rate, long-cycle-life supercapacitors [J]. Nanoscale, 2015, 7(16): 7035-7039.

[35] LIU X Y, ZHANG Y Q, XIA X H, et al. Self-assembled porous $NiCo_2O_4$ hetero-structure array for electrochemical capacitor [J]. J Power Sources, 2013, 239: 157-163.

[36] LEE K K, CHIN W S, SOW C H. Cobalt-based compounds and composites as electrode materials for high-performance electrochemical capacitors [J]. J Mater Chem A, 2014, 2(41): 17212-17248.

[37] HONG W, WANG J Q, GONG P W, et al. Rational construction of three dimensional hybrid Co_3O_4@$NiMoO_4$ nanosheets array for energy storage application [J]. J Power Sources, 2014, 270: 516-525.

[38] UMESHBABU E, RAJESHKHANNA G, RAO G R. Urchin and sheaf-like $NiCo_2O_4$ nanostructures: synthesis and electrochemical energy storage application [J]. Int J Hydrogen Energ, 2014, 39(28): 15627-15638.

[39] KUANG M, ZHANG Y X, LI T T, et al. Tunable synthesis of hierarchical $NiCo_2O_4$ nanosheets-decorated Cu/CuO_x nanowires architectures for asymmetric electrochemical capacitors [J]. J Power Sources, 2015, 283: 270-278.

[40] ZHU Y R, WU Z B, JING M J, et al. Porous $NiCo_2O_4$ spheres tuned through carbon quantum dots utilised as advanced materials for an asymmetric supercapacitor [J]. J Mater Chem A, 2015, 3(2): 866-877.

[41] BELLO A, BARZEGAR F, MOMODU D, et al. Asymmetric supercapacitor based on nanostructured graphene foam/polyvinyl alcohol/formaldehyde and activated carbon electrodes [J]. J Power Sources, 2015, 273: 305-311.

[42] CAI F, KANG Y R, CHEN H Y, et al. Hierarchical CNT@ $NiCo_2O_4$ core-shell hybrid nanostructure for high-performance supercapacitors [J]. J Mater Chem A, 2014, 2(29): 11509-11515.

[43] ZHU Y R, WANG J F, WU Z B, et al. An electrochemical exploration of hollow $NiCo_2O_4$ submicro-spheres and its capacitive performances [J]. J Power Sources, 2015, 287: 307-315.

第6章
磷硫化钴镍双金属纳米材料

6.1 引言

日益严重的能源危机与环境污染，以及全球变暖和臭氧层空洞等问题，激起研究人员对绿色和可持续新能源获取的研究热情[1]。超级电容器具有功率密度高、充放电速度快、循环寿命长、适应温度范围广等优点，正在越来越多地替代传统的储能设备[2]。目前，大多数超级电容器可分为三类：双电层电容器（EDLC，主要由碳材料制成）、法拉第电容器（由过渡金属氧化物[3]和导电聚合物[4]制成）和混合超级电容器。双电层电容器主要通过电极板上的电荷积累来储存能量，而法拉第电容器则分别依靠表面发生的快速氧化还原反应来储存能量[5]。混合超级电容器是上述两种超级电容器的组合，其中一个电极产生法拉第赝电容，另一个则依靠双电层储存能量[6]。虽然传统碳基超级电容器已经相当成熟，并且具有很高的循环稳定性，但仍然存在比容量低的问题。相比之下，过渡金属材料具有更高的法拉第反应活性，因为法拉第氧化还原过程中存在多种电子转移途径[7]。然而，超级电容器的应用受到过渡金属材料的电子导电性差和倍率性能低等因素的限制[8]。因此，迫切需要发现一种具有高电化学活性和高导电性的电极材料来提高电化学性能[9]。

最近，过渡金属氧化物（MO_x）、硫化物（MS_x）和磷化物（MP_x）引起了人们的广泛关注[10]，比如 NiS_x[11]、CuS_x[12]、CoS_x[13,14]、CdS_x[15]、ZnS_x[16]等等。S 元素的电负性比 O 元素低，这使得 MS_x 之间的 M—S 键比 M—O 键弱，在充

放电过程中由 MS_x 转化为 M_2S_x 的导电性比 M_2O 更强。因此，MS_x 具有较小带隙[17]和更突出的动力学特性，其与 MO_x 相比更适合用于电荷储存系统。然而，直接使用 MS_x 材料会因体积膨胀、扩散缓慢和活化效果不佳而导致倍率性能较差和循环性能不佳[18]。与单一金属硫化物电极材料相比，混合/三元硫化物（$ZnCo_2S_4$[19]、Fe-Co-S[20]、Co-Ni-S[21,22]等）能显著提高赝电容性能是因为该化合物中金属离子具有多重价态。具有 3d 轨道的三元硫化物大多为极性材料和多硫化物，其结构中存在路易斯酸和路易斯碱的相互作用，使得化学键极大地限制了多硫化物的迁移[23]，这表明多硫化物的结构相对于 MS_x 更稳定。$Co_xNi_{3-x}S_4$（$x=1$ 或 2）作为一种典型的三元硫化物，是一种具有潜力的关键材料，已被广泛研究。过渡金属钴（Co）和镍（Ni）在自然界中含量丰富，理论比容量较高，适合作为氧化还原过程的活性中心。$Co_xNi_{3-x}S_4$ 材料由于光带隙能降低，使得其电导率比单一金属氧化物电极高出了 2 个数量级[21]。它们之间的这些协同效应可以明显提高材料的电化学性能。

除上述三元硫化物外，过渡金属磷化物（TMP）也具有稳定的晶体结构、较小的带隙和较高的电化学反应活性等优势，因此人们在这些材料上投入了大量的研发力量[24]。用磷（P）元素取代阴离子的过渡金属磷化物因其理论比容量大、储量丰富和导电性好而极具竞争力[25]。在众多磷化物中，镍基磷化物（NiP_x）因其与其他金属基磷化物相比具有更优秀的性能而受到广泛研究[26]。然而，由于磷的快速氧化、缺乏孔隙率和不可逆的法拉第反应，基于 NiP_x 的超级电容器通常存在倍率性能低和循环稳定性差的问题。一种较好的解决方案是引入多种过渡金属以获得双金属磷化物，从而解决上述问题并提高储能性能[27,28]。例如，Zhang 等[29]提出了合成 Ni_1Co_1-10P 的有效策略，在 1 A/g 的电流密度下，其电容高达 1188.4 F/g。Wang 等[30]采用溶剂热法和低温磷酸化法制备了带有空心球的 NiCoP/C 复合材料。在 1 A/g 的电流密度下，它的比容量高达 193.8 mA·h/g。

虽然通过引入双金属在优化 Ni-P 或 Ni-S 电极材料方面取得了一些进展，但仍可在不损失比容量的情况下进一步提高倍率性能和循环稳定性。P 和 S 共修饰化合物材料（金属磷硫化物，M-S-Ps）的结构可用于改善电极材料的电化学性能[31]，例如 Zn-Ni-P-S[32]、Ni-Co-S-P[33]、Fe-Co-S/P[34]。在金属材料中引入 S 和 P 具有双重优势：一方面，S/P 元素作为电子供体可以协同有效地优化电子结构,有利于提高材料的本征电导率,从而产生良好的电化学活性,这在二元化合物 Ni-Co-X(X = S、P、Se)中已得到了证实[35];另一方面,它还有助于激活活性中心,增加暴露的活性位点数量,从而提高性能[36]。此外,多数报道都关注二元掺杂(S 和 P[37]、N 和 S[38])的混合/多元金属材料,它们比单一的 N、P 或 S 掺杂材料具有更好的储能性能。

受上述理论的启发,本章分别以硝酸钴和硝酸镍作为钴源和镍源,以氨水提供形成导电蜂窝状颗粒所需的 OH^- 离子,采用 $K_2S_2O_8$ 氧化得到 CoNi-OH 前驱体,并通过同时对前驱体进行磷化和硫化形成 $CoNi_2S_4/Ni_2P$ 纳米颗粒(SP-Co_1Ni_4)。在这里,S-P-Co_1Ni_4 通过对钴和镍的比例、磷化和硫化的优化调整,从而大大改善了材料的电荷转移、反应动力学和整个电极材料的循环性能。所开发的材料在 1 A/g 时的比容量为 1739.3 F/g,将其用在超级电容器中所表现出的能量密度为 42.7 W·h/kg 和功率密度为 703.9 W/kg。

6.2 材料制备

6.2.1 CoNi-OH 纳米前驱体的制备

将 0.579 g $Co(NO_3)_2·6H_2O$ 和 2.318 g $Ni(NO_3)_2·6H_2O$ 溶解在 50 mL 去离子水中,剧烈搅拌 30 min(Co∶Ni 摩尔比为 1∶4),然后加入 1 mL 25%～28% 的 $NH_3·H_2O$,继续搅拌 1 h。然后,向蓝色分散液中加入 0.249 g $K_2S_2O_8$,并用磁力搅拌器搅拌 1 h。上述溶液经过共沉淀,得到 CoNi-OH 前驱体。用水和乙醇多次洗涤,经过离心之后,在 60 ℃ 温度下干燥 12 h,获得 Co_1Ni_4-OOH。采用相同的步骤,总质量保持 2.897 g 不变,合成了一系列 Co:Ni 摩尔比分别为 3∶1、2∶1、1∶1、1∶2、1∶3、1∶4 和 1∶5 作为对比。

镍钴二元氧化物生长的前驱体反应可简单表述如下(M 代表 Ni 或 Co)[39]:

$$[M(H_2O)_{6-x}(NH_3)_x]^{2+} + 2OH^- \longrightarrow M(OH)_2 + (6-x)H_2O + xNH_3 \quad (6.1)$$

$$2\,M(OH)_2 + S_2O_8^{2-} \longrightarrow 2MOOH + 2SO_4^{2-} + 2H^+ \quad (6.2)$$

以上反应中的 $K_2S_2O_8$ 被用作引发剂和氧化剂,以促进前驱体特定形貌结构的形成。

6.2.2 S-P-Co$_x$Ni$_y$纳米材料电极的制备

CoNi-OH 在超纯氩气气氛下磷化和硫化一步完成，生成磷硫化钴镍双金属纳米粒子（表示为 S-P-Co$_x$Ni$_y$）。为此，将 0.1 g Co$_x$Ni$_y$-OH 放入瓷舟中，然后在管式炉中热处理。在 Co$_x$Ni$_y$-OH 上游 5 cm 处加入 0.5 g NaH$_2$PO$_2$ 和 0.3 g CH$_4$N$_2$S。为了获得 S-P-Co$_x$Ni$_y$ 纳米粒子，瓷舟在氩气气氛中以 2 ℃/min 的加热速率加热至 350 ℃ 保持 2 h[40]。S-P-Co$_3$Ni$_1$、S-P-Co$_2$Ni$_1$、S-P-Co$_1$Ni$_1$、S-P-Co$_1$Ni$_2$、S-PCo$_1$Ni$_3$、S-P-Co$_1$Ni$_4$ 和 S-P-Co$_1$Ni$_5$ 表示最终产品，Co∶Ni 摩尔比分别为 3∶1、2∶1、1∶1、1∶2、1∶3、1∶4 和 1∶5。此外，为便于比较，Co$_1$Ni$_4$O、Co$_1$Ni$_4$P 和 Co$_1$Ni$_4$S 的合成路线与上述实验步骤基本一致，煅烧条件分别基于空气气氛、NaH$_2$PO$_2$ 和 CH$_4$N$_2$S。S-P-Co$_1$Ni$_4$ 的制备过程如图 6.1 所示。

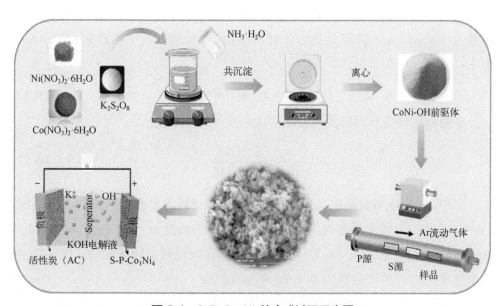

图 6.1　S-P-Co$_1$Ni$_4$ 的合成过程示意图

6.2.3 S-P-Co$_x$Ni$_y$‖活性炭非对称电容器的组装

向 S-P-Co$_x$Ni$_y$（80 mg）中加入 0.2 mL 去离子水、乙炔黑和 60%聚四氟乙烯乳液（PTFE）（质量比为 8∶1∶1）研磨成均匀、黏稠的混合物。将其涂覆多孔泡沫镍（1 cm × 1 cm）基底上，然后采用 10 MPa 压制成电极片，并在 80 ℃下干燥 24 h。

电化学测试中 S-P-Co$_x$Ni$_y$ 电极为工作电极、铂电极作为对电极、饱和甘汞作为参比电极。通过采用 2 mol/L KOH 电解质和 CHI 760E 电化学工作站，分别进行循环伏安（CV）、电化学阻抗谱（EIS）和恒流充放电（GCD）测试。根据放电数据，比容量采用公式（6.3）[9]来计算：

$$C = \frac{I\Delta t}{m\Delta V} \quad (6.3)$$

式中，C 为比容量，F/g；I 为充放电电流，mA；Δt 为放电时间，s；m 为活性材料质量，g；t 为放电时间，s；ΔV 为放电电压，V。

将其组装成两电极不对称超级电容器，以评估电极在实际使用中 S-P-Co$_x$Ni$_y$ 电极的电化学性能。在活性材料方面，S-P-Co$_x$Ni$_y$ 电极作为正极，活性炭（AC）电极作为负极，隔膜是多孔无纺布。两个电极活性物质的总质量为 5.4 mg。为了确定负载活性材料的质量，采用电荷平衡原理，公式（6.4）如下：

$$q = c \times m \times V \quad (6.4)$$

正极材料和负极材料的质量比应由公式（6.5）确定：

$$\frac{m_+}{m_-} = \frac{C_- \times \Delta V_-}{C_+ \times \Delta V_+} \quad (6.5)$$

式中，m 为电极材料的负载质量；C 为电极材料的比容量；ΔV 为电压范围。

公式（6.3）用于计算比容量，且活性物质的质量 m = 5.4 mg × 80% = 4.32 mg。公式（6.6）和公式（6.7）用于根据恒流充放电数据计算能量密度（E）和功率密度（P），单位分别为 W·h/kg 和 W/kg[41]：

$$E = \frac{I\int V_{(t)} dt}{3.6m} \quad (6.6)$$

$$P = \frac{3600E}{\Delta t} \quad (6.7)$$

式中，t 为放电时间；I 为放电曲线下的电流；$\int V(t)dt$ 为放电曲线下的面积。

6.3 S-P-Co$_x$Ni$_y$纳米材料的表征

Co$_1$Ni$_4$O、Co$_1$Ni$_4$P、Co$_1$Ni$_4$S 和 S-P-Co$_1$Ni$_4$ 通过 XRD 确定其晶相结构。图 6.2 中的 Co$_1$Ni$_4$O 在 31.4°和 36.9°处观察到两个明显的衍射峰，它们分别对应于 Co$_3$O$_4$（PDF 65-3103）的（220）和（311）晶面。在 37.3°、43.3°和 62.9°的三个衍射峰对应为立方相氧化镍（PDF 47-1049）的（111）、（200）和（220）晶面[42]。上述结果表明，未进行磷化和硫化的 Co-Ni 双金属氧化物制备成功。之后，经过精心设计的磷化过程转化为 Co$_1$Ni$_4$P。与 Co$_1$Ni$_4$O 不同，Co$_1$Ni$_4$P 在 40.8°、44.7°和 47.4°处显示出三个尖锐的特征峰，可归属于 Ni$_2$P 的（111）、（021）和（210）晶面（PDF 65-9706）。除 Ni$_2$P 外，Co$_1$Ni$_4$P 中还存在 CoP（PDF 65-2593），31.6°和 48.1°处的峰应归属于其（011）和（211）晶面[25]。硫化后，Co$_3$O$_4$ 和 NiO 的特征峰消失了，在 Co$_1$Ni$_4$S 的 XRD 谱图中清晰地观察到在 31.5°、38.2°、50.3°和 55.0°处存在新的衍射峰，这些特征峰与立方相 CoNi$_2$S$_4$（JCPDS 24-0334）的（311）、（400）、（511）和（440）晶面有关[43,44]。除这些峰值外，Co$_1$Ni$_4$S 还在 30.1°、34.7°和 46°处出现衍射峰，归咎于正方相 NiS（JCPDS 02-1280）的（100）、（101）和（102）晶面[45]。其他衍射峰可归因于立方相 Co$_4$S$_3$（JCPDS 02-1338）。

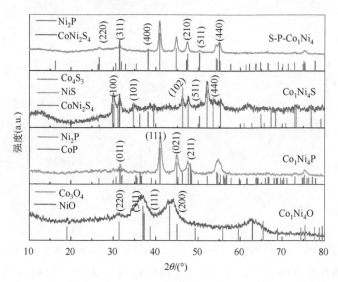

图 6.2 Co$_1$Ni$_4$O、Co$_1$Ni$_4$P、Co$_1$Ni$_4$S 和 S-P-Co$_1$Ni$_4$ 的 XRD 谱图

经 NaH_2PO_2 和 CH_4N_2S 处理后,S-P-Co_1Ni_4 也显示出六方晶相的 Ni_2P 和 $CoNi_2S_4$ 峰,这可能是高浓度 Ni 的结果。$CoNi_2S_4$ 和 Ni_2P 峰的同时出现表明了磷化和硫化的双重作用产生出了异质结构。XRD 谱图未显示其他的杂质峰,这可能是充分磷化或硫化的结果。

O-Co_1Ni_4、Co_1Ni_4P、Co_1Ni_4S 和 S-P-Co_1Ni_4 的微观结构和形貌是通过扫描电子显微镜(SEM)表征的。图 6.3(a~f)和图 6.4(a~f)显示在不同放大倍率下获得的材料的 SEM 图片。从低倍扫描图像[图 6.3(a)和(d),图 6.4(a)和(d)]中可以观察到,四种材料表现都表现出由纳米小颗粒随机堆积而成的结构特征,这些颗粒聚集成多个大小不均的非独立块状物。将扫描图像放大后[图 6.3(b)和(e),图 6.4(b)和(e)],由于纳米颗粒的随机堆积,四

图 6.3 O-Co_1Ni_4(a)~(c)和 Co_1Ni_4P(d)~(f)材料分别在不同放大倍数下的 SEM 图像

图6.4 Co₁Ni₄S（a）~（c）和S-P-Co₁Ni₄（d）~（f）材料分别
在不同放大倍数下的SEM图像

种材料都形成了大量有用的通道和间隙，对电解质的浸润和带电离子的吸附起到了积极作用。此外，Co₁Ni₄O的表面相对粗糙且无缺陷，而单独磷化的Co₁Ni₄P或同时磷硫化的S-P-Co₁Ni₄会引入杂原子形成缺陷结构，Co₁Ni₄P和S-P-Co₁Ni₄的表面变得相对光滑且无突起。硫元素的引入对氧化物的原始形态没有显著影响，Co₁Ni₄S[图6.4（b）]仍然保持着三维多孔的羊肚菌式的网状结构。Co₁Ni₄O、Co₁Ni₄P、Co₁Ni₄S和S-P-Co₁N₄的高倍扫描电子显微镜图像进一步显示了由颗粒堆叠而成的多孔结构。Co₁Ni₄O和Co₁Ni₄S样品[图6.3（c）和图6.4（c）]由大量相互连接的羊肚菌式异质结构组成，这些异质结构均匀分布在颗粒表面，形成蜂窝状结构。硫化后的形态与氧化物相同，但硫化后的纳米颗粒尺寸略小，为200~350 nm。与NaH₂PO₂反应后，几乎所有的羊肚菌式异质结构都消失了

[图6.3 (f)]，颗粒之间的堆积更坚固、更稳定。这加速了电解质离子的转移，从而促进了氧化还原的进行（图6.17也证明了这一点）。S-P-Co$_1$Ni$_4$纳米粒子的形态未发生明显变化，这表明即使添加了硫元素，Co$_1$Ni$_4$P 的形貌仍可以保留[图6.4 (c)]。

此外，如图6.5所示，利用扫描电子显微镜与能量色散X射线（SEM-EDX）图谱分析技术，研究了S-P-Co$_1$Ni$_4$的元素构成和分布，发现在S-P-Co$_1$Ni$_4$纳米粒子中，Co、Ni、O、P和S元素分布均匀。

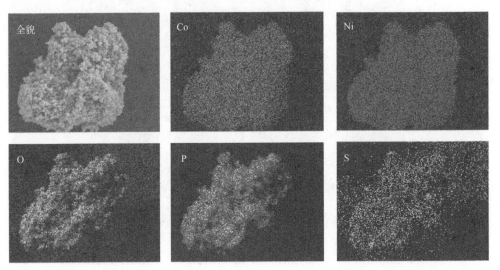

图6.5 S-P-Co$_1$Ni$_4$材料中Co、Ni、O、P和S元素的mapping图

图6.6为S-P-Co$_1$Ni$_4$的TEM图像，用来分析复合材料的微观结构和形貌结构。图6.6 (a) 显示，聚集块的平均直径估计为3 μm，并且有许多S-P-Co$_1$Ni$_4$纳米粒子随机堆积形成的不规则孔洞。放大图6.6 (a) 中方框区域，HRTEM照片如图6.6 (b) 所示。许多直径约为5 nm的S-P-Co$_1$Ni$_4$复合纳米粒子均匀地分散在虚线圆圈中，这与SEM的结果相符。此外，利用Digital Micrograph软件对虚线框正方形1和正方形2进行了傅里叶变换和反傅里叶变换分析，分别得到了图6.6 (c$_1$) 和 (d$_1$) 的晶格图。进一步计算出相应的晶格间距，如图6.6 (c$_2$) 和 (d$_2$) 所示。六方相Ni$_2$P的 (210) 晶面对应的晶格间距为0.194 nm，而立方相CoNi$_2$S$_4$的 (220) 晶面对应的晶格条纹的平均间距为0.346 nm。因此，S-P-Co$_1$Ni$_4$混合成分的形成得到了进一步证实。这些结果与之前的XRD分析结果相吻合。

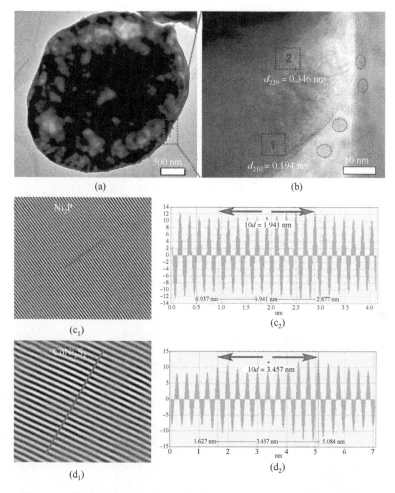

图6.6　S-P-Co₁Ni₄ 500 nm（a）和10 nm（b）的TEM图像；
（c₁）和（c₂）对应（b）中区域1、（d₁）和（d₂）对应（b）中
区域2的反傅里叶变换图像和选区计算图

采用 X 射线光电子能谱（XPS）测定了合成材料纳米结构的化学状态。Co_1Ni_4O 包含 Ni 和 Co 元素，分级 Co_1Ni_4P 纳米粒子还包含 P 元素，Co_1Ni_4S 纳米粒子还包含 S 元素。S-P-Co_1Ni_4 中 P 和 S 元素的特征信号与 XRD（图 6.2）和元素 mapping 的结果（图 6.5）一致。Co_1Ni_4O、Co_1Ni_4P、Co_1Ni_4S 和 S-P-Co_1Ni_4 中的 C 和 O 信号可能是材料表面氧化的结果[46]。图 6.7（b）显示了高分辨率 O 元素光谱。在 Co_1Ni_4O 材料中，结合能位于 530.36 eV（O1）、531.75 eV（O2）和 533.26 eV（O3）的特征峰，分别与 Ni—O 或 Co—O 键、OH 基团以及物理

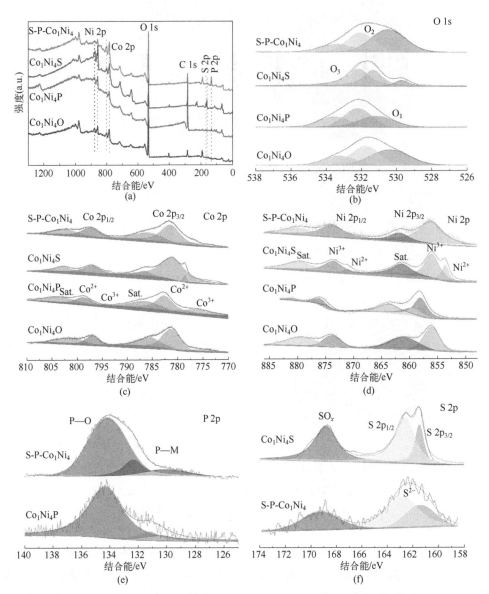

图6.7 Co₁Ni₄O、Co₁Ni₄P、Co₁Ni₄S 和 S-P-Co₁Ni₄材料的 XPS 谱图：(a) 全谱；(b) O1s；(c) Co 2p；(d) Ni 2p；(e) Co₁Ni₄P 和 S-P-Co₁Ni₄的 P 2p；(f) Co₁Ni₄S 和 S-P-Co₁Ni₄的 S 2p

和化学吸附水相对应[47]。与 Co_1Ni_4O 相比，Co_1Ni_4P、Co_1Ni_4S 和 S-P-Co_1Ni_4 中的结合能都略有偏移，这是由于界面电荷的转移再分配造成的。电子结构的微小变化可能会导致化学特性的大幅变化。图 6.7（c）显示了四个样品的 Co 2p XPS 光谱，可将其分为（Co $2p_{3/2}$ 和 Co $2p_{1/2}$）两个自旋轨道峰和两个振荡卫星峰。Co_1Ni_4O 的 Co $2p_{3/2}$ 谱图中结合能在 775.16 eV 的峰对应于 Co^{3+}，781.2 eV 的峰对应于 Co^{2+}，位于 785.44 eV 的峰为振荡卫星峰。Co $2p_{1/2}$ 谱图中位于 796.99 eV 的峰对应于 Co^{3+}，801.69 eV 的峰对应于 Co^{2+}。与 Co_1Ni_4O 中的 Co 2p 光谱相比，Co_1Ni_4P、Co_1Ni_4S 和 S-P-Co_1Ni_4 的结合能也发生了类似的移动，但能量差未发生改变，这表明 P 和 S 元素的加入可以精细地调节 Co_1Ni_4O 的电子结构，从而提高电荷转移的效率[48]。Co_1Ni_4O 中 Ni $2p_{3/2}$ 和 Ni $2p_{1/2}$ 的结合能分别出现在 Ni 2p 区域的 855.98 eV 和 873.79 eV 处（图 6.7d）。而结合能在 860.95 和 879.21 eV 处的峰则为卫星峰造成的[49]。与 Co 2p 相似，Co_1Ni_4P、Co_1Ni_4S 和 S-P-Co_1Ni_4 的 Ni 2p 也可以在较高或较低的结合能上区分开来。这进而证实了 S 元素和 P 元素的引入对镍外围电子的重新分布也存在影响。此外，S-P-Co_1Ni_4 显然含有大量的 Ni^{3+}，而 Co_1Ni_4S 则含有更多的 Ni^{2+}，这意味着在同时进行磷化和硫化时，由二价镍转化为三价镍，NiS 最终消失。众所周知，镍和钴元素的多种价态（Ni^{2+}、Ni^{3+}、Co^{2+}、Co^{3+}）在赝电容器存储中发挥着重要作用。在 Co_1Ni_4P 和 S-P-Co_1Ni_4 的 P 2p XPS 谱中［图 6.7（e）］，结合能在 130.4 eV、131.2 eV 和 134.3 eV 的三个峰分别对应于 P—Co/Ni 键、P—C 和 P—O 物种，该现象在含磷材料较为常见。此外，S^{2-} 的结合能在 161.41 eV 和 162.84 eV 处产生了 S $2p_{3/2}$ 和 $2p_{1/2}$ 的去卷积峰［对应于 S^{2-}，图 6.7（f）］，这说明杂化材料中存在金属-硫（M—S）键[50]。结合能在 169.2 eV 的峰对应为部分氧化硫物种或材料表面残留的硫酸基团，该峰值归因于表面吸附的氧化硫[51,52]。

6.4 S-P-Co_xNi_y 纳米材料储能性能

6.4.1 三电极体系测试

图 6.8（a）和（b）显示了不同钴/镍摩尔比的 S-P-Co_xNi_y 电极的 CV 和 GCD 曲线。由于存在一对显著的氧化/还原峰和明显的充电-放电平台，所有 S-P-Co_xNi_y

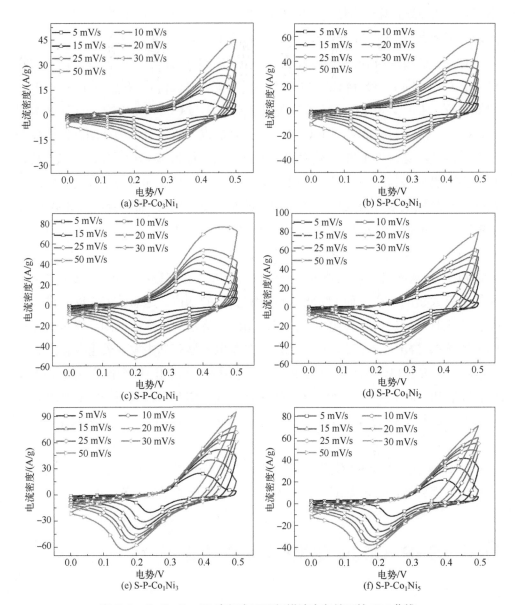

图6.8 S-P-Co$_x$Ni$_y$电极在不同扫描速率条件下的CV曲线

样品都表现出类似电池的法拉第氧化还原反应。以下是对应的法拉第反应方程式[53,54]：

$$CoS + OH^- \rightleftharpoons CoSOH + e^- \quad (6.8)$$

$$CoSOH + OH^- \rightleftharpoons CoSO + H_2O \quad (6.9)$$

$$NiS + OH^- \rightleftharpoons NiSOH + e^- \quad (6.10)$$

$$NiCoP + 2OH^- \rightleftharpoons NiP_{1-x}OH + CoP_xOH + 2e^- \quad (6.11)$$

$$CoP_xOH + OH^- \rightleftharpoons CoP_xO + H_2O + e^- \quad (6.12)$$

$$CoNi_2S_4 + 2OH^- + H_2O \rightleftharpoons CoS_{2x}OH + 2Ni_2S_{4-2x}OH + 2e^- \quad (6.13)$$

在图 6.8 中，所有 S-P-Co_xNi_y 系列电极的 CV 曲线（5～50 mV/s）在低扫描速率下都显示出稳定的氧化/还原峰，但在较高扫描速率下，氧化峰和还原峰分别略微移动到更正或更负的电位。这是由于在较快的氧化还原反应过程中，电极-电解质界面的内部扩散阻力不断增加，从而导致轻微的高速极化。在不同电流密度下，S-P-Co_xNi_y 材料的 GCD 曲线（图 6.9）都有明显的平台，这进一步凸显了该材料类似电池的行为，与 CV 的结果一致。最大的 CV 积分面积 [图 6.10（a）] 和最长的放电时间 [图 6.10（b）] 表明 S-PCo_1Ni_4 电极具有优异的电化学性能。

此外，还通过 XRD 确定了不同钴和镍比例的 S-P-Co_xNi_y 结晶相。如图 6.11 所示，Ni_2P 是所有 S-P-Co_xNi_y 复合材料的主要晶相。当镍含量较低时，不能合成 Ni_2P 晶相，而随着镍含量的增加，Ni_2P 的结晶相越来越突出，随后伴随着 $CoNi_2S_4$ 的生成。Ni_2P 和 $CoNi_2S_4$ 晶相之间的协同作用促使材料提供出大量的电化学活性位点和有效的电子传输特性。这一结论与之前研究的 O-Co_xNi_yP 复合材料的结论一致[25]。含有 S-P-Co_3Ni_1、S-P-Co_2Ni_1、S-P-Co_1Ni_1、S-P-Co_1Ni_2、S-P-Co_1Ni_3、S-P-Co_1Ni_4 和 S-P-Co_1Ni_5 的电极在 1 A/g 时的比容量分别为 472.3、785、910.4、1141.8、1296.9、1739.3 和 1127 F/g [图 6.10（c）]。然而，在 20 A/g 时，相应的比容量分别只剩下 83.3%、78.5%、80%、84.2%、82.1%、84.6%和 81.9% [图 6.10（d）]。

表 6.1 列出了 S-P-Co_xNi_y 复合材料的电化学数据。S-P-Co_xNi_y 复合材料的整体优异倍率性能主要归功于 P 和 S 元素的引入，促使材料表现出更高的本征电导率且丰富了金属化合物的价态[55]。无论是 Co_xNi_yP 还是 S-P-Co_xNi_y，当钴镍摩尔比为 1∶4 时，比容量都是最佳的，这也是本文主要研究样品钴镍摩尔比为 1∶4 的主要原因。

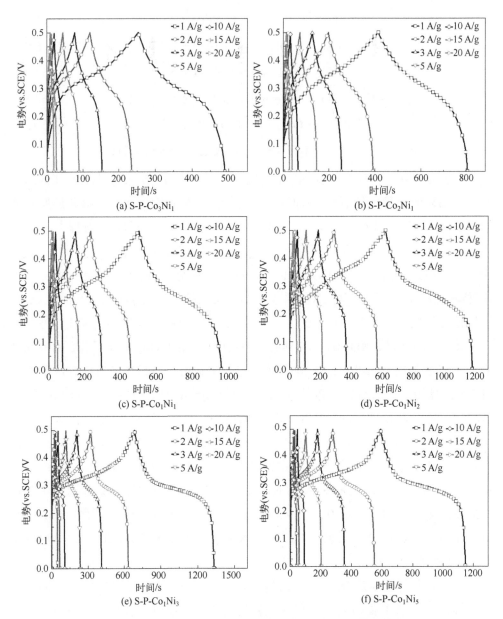

图6.9 S-P-Co$_x$Ni$_y$在不同电流密度下的恒流充放电曲线

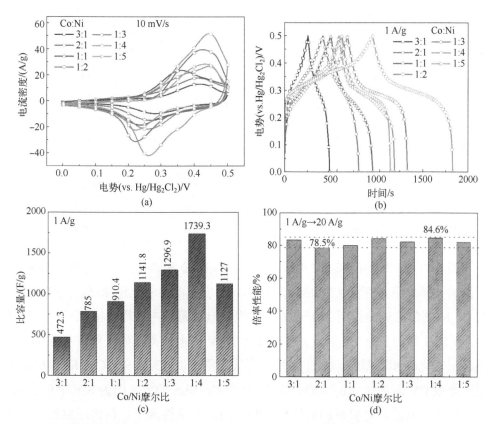

图 6.10 不同钴镍摩尔比 S-P-Co_xNi_y（a）在 10 mV/s 扫描速率下的 CV 曲线；（b）在 1 A/g 电流密度下的恒流充放电曲线；（c）在 1 A/g 电流密度下的比容量；（d）在 20 A/g 电流密度下比容量相对于 1 A/g 电流密度下的比容量的保持率

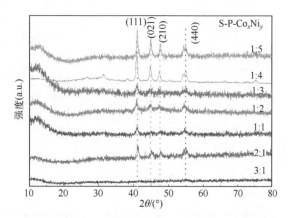

图 6.11 不同钴镍摩尔比 S-P-Co_xNi_y 的 XRD 图谱：晶面（111）、（021）、（210）属于 Ni_2P 的峰，（440）属于 $CoNi_2S_4$ 的峰

表 6.1　不同钴镍摩尔比 S-P-Co_xNi_y 的倍率性能数据

样品		S-P-Co_3Ni_1	S-P-Co_2Ni_1	S-P-Co_1Ni_1	S-P-Co_1Ni_2	S-P-Co_1Ni_3	S-P-Co_1Ni_4	S-P-Co_1Ni_5
不同电流密度下的比容量 /(F/g)	1 A/g	472.3	785	910.4	1141.8	1296.9	1739.3	1127
	2 A/g	463.8	782.1	901	1120.7	1265	1714.9	1099.2
	3 A/g	458.6	773.1	883	1102.1	1237.9	1698.9	1074.9
	5 A/g	448.2	750.9	845	1072.7	1196.4	1649.1	1039.3
	10 A/g	433.3	681.4	787	1021	1131.9	1565.9	981.6
	15 A/g	415.8	645.4	755	989.3	1089.8	1511.5	948.4
	20 A/g	393.7	616.5	728.3	961.9	1064.7	1472.1	923
倍率性能		83.3%	78.5%	80%	84.2%	82.1%	84.6%	81.9%

图 6.12（a）为在 0～0.5 V 电压窗口下，Co_1Ni_4O 和 S-P-Co_1Ni_4 电极于 10 mV/s 扫描速率条件下进行的 CV 曲线，且都表现出了两对氧化还原峰，而 Co_1Ni_4S 和 Co_1Ni_4P 的 CV 曲线则在 0～0.6 V 的固定电位范围内进行表征。由于 Co_1Ni_4P 的 CV 氧化峰位于 0.5 V 附近，因此选择 0.5 V 以上的测试电压范围有利于清楚地显示氧化峰和还原峰。通过比较这些伏安图可以发现，S-P-Co_1Ni_4 电极的电流密度或 CV 面积比 Co_1Ni_4O、Co_1Ni_4P 和 Co_1Ni_4S 的大。因为 S 和 P 的引入，S-P-Co_1Ni_4 电极具有更多的活性位点和更高的电活性水平。氧化还原反应的赝电容行为在所有包含一对氧化还原峰的 CV 曲线中都很明显。

由图 6.12（b）可得，在 1 A/g 电流密度下所有四种化合物的恒流充放电（GCD）曲线都显示出了非线性行为和平台，这与实验所得 CV 结果相一致。

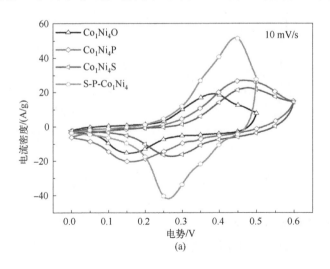

(a)

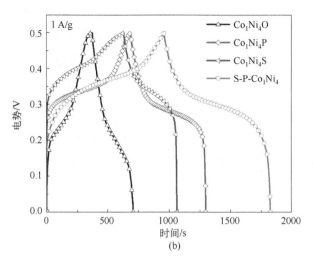

图 6.12 Co_1Ni_4O、Co_1Ni_4P、Co_1Ni_4S 和 $S-P-Co_1Ni_4$ 在三电极体系的电化学数据：(a) 在 10 mV/s 扫描速率下的 CV 曲线；(b) 在 1 A/g 电流密度下的恒流充放电曲线

随着阴离子元素（O→S→P→S/P）的替代，恒流充电和放电的时间也随之增加，表明 $S-P-Co_1Ni_4$ 电极具有优异的电荷存储特性。这可能是由于 Co、Ni、S 和 P 之间的相互作用提供了大量的电化学活性位点和高效的电子转移。

将电流密度从 1 A/g 逐渐增加为 2 A/g、3 A/g、5 A/g、10 A/g、15 A/g 和 20 A/g，对每种电极进行 10 次充放电循环测试，对应的倍率性能如图 6.13。当电流密度分别为 1 A/g、2 A/g、3 A/g、5 A/g、10 A/g、15 A/g 和 20 A/g 时，$S-P-Co_1Ni_4$

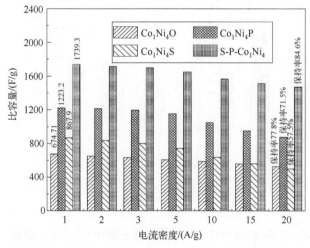

图 6.13 Co_1Ni_4O、Co_1Ni_4P、Co_1Ni_4S 和 $S-P-Co_1Ni_4$ 在三电极体系的倍率性能

电极的比容量分别为 1739.3 F/g、1714.9 F/g、1698.9 F/g、1649.1 F/g、1565.9 F/g 和 1472.1 F/g。尤其是，当电流密度增加 20 倍达到 20 A/g 时，仍能保持 84.6% 的比容量，这表明该电极具有优秀的倍率性能。Co_1Ni_4O、Co_1Ni_4P 和 Co_1Ni_4S 的比容量远低于 S-P-Co_1Ni_4 电极的比容量。在 1 A/g 的电流密度下，Co_1Ni_4O、Co_1Ni_4P 和 Co_1Ni_4S 电极的比容量分别为 674.71、1223.2 和 867.9 F/g。当电流密度为 20 A/g 时，对应的比容量分别只剩下 77.8%、71.5% 和 57.5%。

S-P-Co_1Ni_4 电极 CV 曲线的氧化峰和还原峰分别为 0.47 V 和 0.28 V，电压差约为 190 mV [图 6.14（a）]。即使在 100 mV/s 的高扫描速率下，氧化（还原）

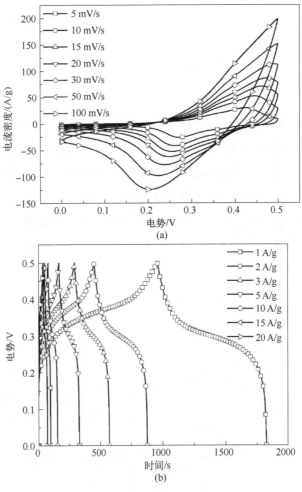

图 6.14　S-P-Co_1Ni_4 在 5~100 mV/s 扫描速率下的 CV 曲线（a）和在不同电流密度下的恒流充放电曲线（b）

峰也会略微上移（下移），表明这种氧化还原反应具有良好的可逆性，且可以快速进行。此外，充放电曲线几乎是对称的，即使在 20 A/g 的高电流密度下也没有明显的 IR 下降，这表明 S-P-Co_1Ni_4 电极的极化程度很小［图 6.14（b）］。由于在较高的电流密度下，电极内部空间存在极少量的电解质离子，导致比容量下降，因此可以看出放电时间随着电流密度的增加而缩短[1]。图 6.15 对各种电极进行了 Nyquist 图，以估算和阐明样品的内阻、电荷转移和接触电阻。在所有样品曲线上都可以看到一个半圆对应于电极反应产生的电子转移电阻（R_{ct}）。低频区斜线与扩散电阻（R_s）相对应。

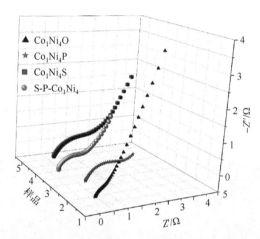

图 6.15 Co_1Ni_4O、Co_1Ni_4P、Co_1Ni_4S 和 S-P-Co_1Ni_4 的阻抗谱

所有阻抗数据都用 Zview 软件进行了拟合，相应的等效电路图见图 6.16。值得注意的是，与 Co_1Ni_4P、Co_1Ni_4S 和 S-P-Co_1Ni_4 电极相比，Co_1Ni_4O 电极的半圆直径更小，斜率更大。基于 Co_1Ni_4O、Co_1Ni_4P、Co_1Ni_4S 和 S-P-Co_1Ni_4 的电极的 R_s 值分别为 0.29 Ω、0.61 Ω、0.65 Ω 和 0.26 Ω。R_s 读数在 0.5 Ω 或以下通常表示内阻极小。由 Co_1Ni_4O、Co_1Ni_4P、Co_1Ni_4S 和 S-P-Co_1Ni_4 材料制成电极的 R_{ct} 分别为 0.81 Ω、1.7 Ω、2.1 Ω 和 1.01 Ω。事实上，所构建的电极都具有快速的电荷转移和扩散速率。此外，S-P-Co_1Ni_4、Co_1Ni_4P、Co_1Ni_4S 和 Co_1Ni_4O 电极在 10 A/g 电流密度下循环 10000 圈表现出良好的比容量保持率，分别为 92.6%、88.3%、79.3%和 81.8%（图 6.17）。这表明磷化物相和硫化物相共存可以控制电荷分布，从而提高储能性能。此外，Co_1Ni_4S 和 Co_1Ni_4O 的莫切拉异质结构具有三维多孔结构，但在多次充放电后容易塌陷［图 6.18（a）］，导致循环

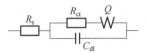

图 6.16　图 6.15 阻抗谱拟合的等效电路图

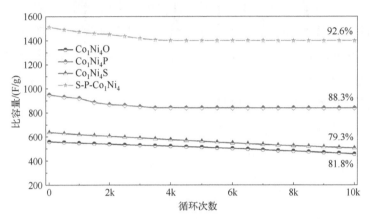

图 6.17　Co_1Ni_4O、Co_1Ni_4P、Co_1Ni_4S 和 $S-P-Co_1Ni_4$ 在 10 A/g 的电流密度下循环 10000 圈的循环性能

图 6.18　（a）循环前（左）和循环后（右）的 Co_1Ni_4S SEM 图像；（b）循环前（左）和循环后（右）的 $S-P-Co_1Ni_4$ SEM 图像

性能不理想；而 S-P-Co$_1$Ni$_4$ 和 Co$_1$Ni$_4$P 电极是纳米颗粒紧密堆积且相互连接，颗粒之间的堆积较为坚固和稳定，在多次循环后未发生显著变化[图6.18（b）]，因此循环性能更加稳定。

6.4.2 非对称电容器性能

将 S-P-Co$_1$Ni$_4$ 作为正电极，活性炭（AC）用作负电极，和 2 mol/L KOH 电解液组装成非对称超级电容器（ASC）。当工作电压超过 1.5 V 时会使得电解质溶解或水分解，在图 6.19 的 CV 曲线中，以 20 mV/s 的扫描速率和不同的电压时，会出现明显的极化峰。因此，将 ASC 的最优电势窗口选为 0~1.4 V。

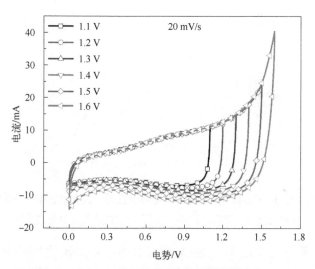

图6.19 S-P-Co$_1$Ni$_4$‖AC 非对称电容器在 20 mV/s 扫描速率下不同电压范围的 CV 曲线

图 6.20（a）为该 ASC 在不同扫描速率下获得的 CV 曲线，即使在高扫描速率条件下（如 100 mV/s），这些曲线都保持了明显的一致性，表明 S-P-Co$_1$Ni$_4$‖AC ASC 具有快速电子传输动力学和优秀的倍率性能。此外，在不同电流密度下获得的 GCD 曲线表现出一对明显对称性的充放电平台[图 6.20（b）]。在不同电流密度下获得的 GCD 曲线对称性好且几乎线性，表明该器件具有优秀的可逆性。

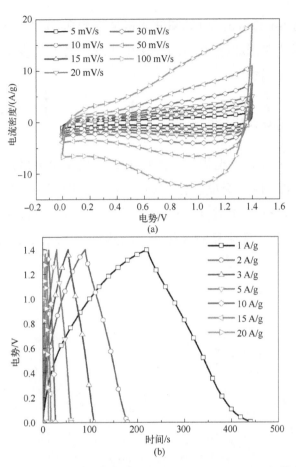

图 6.20 S-P-Co$_1$Ni$_4$||AC 非对称电容器在 5～100 mV/s 扫描速率下的 CV 曲线（a）和在不同电流密度下的恒流充放电曲线（b）

根据第 1 章公式（1.3），活性炭电极和 S-P-Co$_1$Ni$_4$ 之间的理想质量比应为 3.51，在 1 A/g 的电流密度下时，活性炭电极的比容量为 248 F/g（图 6.21）。在电流密度分别为 1 A/g、2 A/g、3 A/g、5 A/g、10 A/g、15 A/g 和 20 A/g 时，根据 GCD 曲线计算获得 S-P-Co$_1$Ni$_4$||AC 的比容量分别高达 156.89 F/g、126.87 F/g、115.98 F/g、109.23 F/g、97.81 F/g、96.6 F/g 和 91.99 F/g（图 6.22）。在最高电流密度（20 A/g）下比容量达到了其在最低电流密度（1 A/g）下比容量的 58.6%。

为进一步评价该器件的电化学性能对其进行了 EIS 测试，并绘制了 Nyquist 图（见图 6.23），图 6.23 插入部分显示了高频区的放大图。电荷转移电阻（R_{ct}）是以高频区半圆直径与横轴截距之差，数据仅为 0.83 Ω，表明具有较高的导电性。而溶液电阻（R_s）值等于 0.29 Ω。

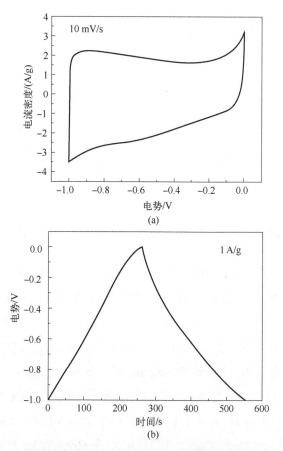

图 6.21 活性炭电极在（a）10 mV/s 扫描速率下的 CV 曲线和
（b）1 A/g 电流密度下的恒流充放电曲线

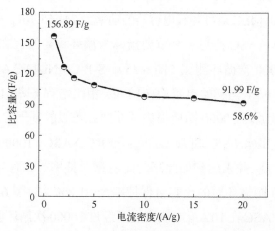

图 6.22 S-P-Co$_1$Ni$_4$||AC 非对称电容器在不同电流密度下的倍率性能

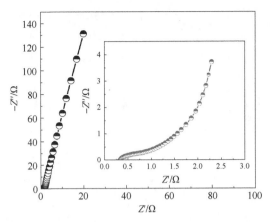

图 6.23 S-P-Co$_1$Ni$_4$||AC 非对称电容器的阻抗谱图

根据第 1 章公式（1.4）和公式（1.5）可以计算出器件的能量密度和功率密度（图 6.24）。S-P-Co$_1$Ni$_4$||AC ASC 的功率密度为 703.9 W/kg，能量密度高达 42.7 W·h/kg。在 1526.4、2210.1、3592.1、7373.3 和 15543.1 W/kg 时，能量密度仍然很高，分别为 37.2、32.6、29.7、26.6 和 25 W·h/kg。这些数值高于之前报道过的几种超级电容器，如 Zn-NiP-S||AC 在 275.54 W/kg 时的 29.01 W·h/kg[32]，O-NiCoP@rGO||AC 在 775 W/kg 时的 21 W·h/kg[36]，基于 NiCo-P/S@C@G||AC 的 ASC 在 800 W/kg 时的 33.16 W·h/kg[54]，NiCoP@NiCoP||AC ASC 在 750 W/kg 时的 34.8 W·h/kg[56]、Ni-CoP@C@CNT||AC ASC 在 699.1 W/kg 时的 17.4 W·h/kg[57]、NiS@CoS||AC ASC 在 752.15 W/kg 的 24.1 W·h/kg[58]、MoS$_2$@Ni/Co-S-20||AC ASC 在 801 W/kg 时的 38.5 W·h/kg[59]；Ni$_1$Co$_9$P||AC ASC 在 106.7 W/kg 的 17.7 W·h/kg[60]；NiCoP/MLG||NiCoP/MLG 对称超级电容器的功率为 741.65 W/kg 和 32.19 W·h/kg[61]。

S-P-Co$_1$Ni$_4$||AC ASC 的另一个重要指标为循环稳定性。在 10 A/g 电流密度下对其进行了 10000 次循环测试（图 6.25）。S-P-Co$_1$Ni$_4$||AC ASC 循环 10000 圈的比容量为 87.92 F/g，与初始电容（97.1 F/g）相比略有下降。因此，S-P-Co$_1$Ni$_4$||AC ASC 的比容量循环 10000 圈后损失了 9.5%。类似的基于 Co-Ni-P 或 Co-Ni-S 的 ASC，如 NiCo$_2$S$_4$@NiS/CoS||Fe$_3$O$_4$ NSs@ERGO ASC（10000 圈循环后的比容量保持率为 86.4%），并未达到如此高的比容量保持率[62]，而 NiCoP/NPC HFSs||AC ASC 在 5000 圈循环后的比容量保持率为 81.8%[63]。图 6.25 插图部分显示了 S-P-Co$_1$Ni$_4$||AC ASC 在 10 A/g 电流密度下经过 10000 次循环前后的 GCD 曲线。S-P-Co$_1$Ni$_4$||AC ASC 之所以具有如此优秀的电化学性能，是因为：①S-P-Co$_1$Ni$_4$

中的 S/P 元素可以巧妙地调节电子结构，从而产生更高的本征电导率，进而获得优异的电化学活性；②样品中（Co^{2+} 和 Co^{3+}）和（Ni^{2+} 和 Ni^{3+}）的不同化合价态可为氧化还原反应提供更丰富的电化学活性位点，进一步提高材料的储能性能；③S-P-Co_1Ni_4 相互连接的纳米颗粒堆叠紧密，不易坍塌和溶解，有助于实现稳定的循环性能。

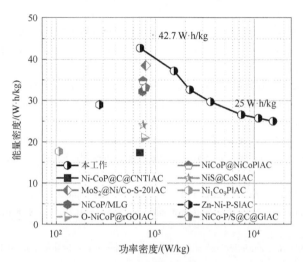

图 6.24　S-P-Co_1Ni_4||AC 非对称电容器和文献中描述的超级电容器对应功率密度和能量密度关系图

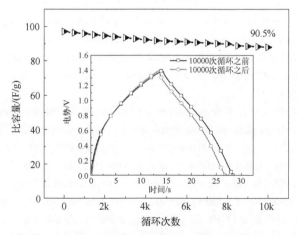

图 6.25　S-P-Co_1Ni_4||AC 非对称电容器在 10 A/g 电流密度下的循环性能，插图为循环前后的恒流充放电曲线对比图

参考文献

[1] PANG M J, HE W X, SONG Z Y, et al. Engineering hierarchical honeycomb-wall-like MgP_4O_{11}/CoP nanosheets as advanced binder-less electrode for supercapacitors [J]. Colloids and Surfaces A: Physicochemical and Engineering Aspects, 2023, 674: 131927.

[2] ZHU J, HAN C, SONG X. Facile synthesis of novel $CoNi_2S_4$/carbon nanofibers composite for high-performance supercapacitor [J]. Mater Chem Phys, 2022, 283: 126038.

[3] WEI X, ZHOU X, LI L, et al. Rational designing carbon nanotubes incorporated oxygen vacancy-enriched bimetallic (Ni, Co) oxide nanocages for high-performance hybrid supercapacitor [J]. Appl Surf Sci, 2023, 613: 155959.

[4] LEI D, LI X D, RADHAKRISHNAN S, et al. Polyaniline decorated salt activated phenolic resin/PAN-based carbon nanofibers with remarkable cycle stability for energy storage applications [J]. Mater Lett, 2023, 333: 133688.

[5] YUE L, CHEN L, LIU X, et al. Honeycomb-like biomass carbon with planted $CoNi_3$ alloys to form hierarchical composites for high-performance supercapacitors [J]. J Colloid Interface Sci, 2022, 608: 2602-2612.

[6] NASERI F, KARIMI S, FARJAH E, et al. Supercapacitor management system: A comprehensive review of modeling, estimation, balancing, and protection techniques [J]. Renew Sust Energ Rev, 2022, 155: 111913.

[7] WANG Q, WANG X. Regulating the supercapacitor properties of hollow NiCo-LDHs via morphology engineering [J]. J Alloy Compd, 2023, 937: 168396.

[8] LIANG H, LIN T, WANG S, et al. A free-standing manganese cobalt sulfide@ cobalt nickel layered double hydroxide core-shell heterostructure for an asymmetric supercapacitor [J]. Dalton Trans, 2020, 49(1): 196-202.

[9] SHEN B, LIAO X, ZHANG X, et al. Cactus-like $NiCo_2O_4$@Nickel-plated fabric nano-flowers as flexible free-standing supercapacitor electrode [J]. Appl Surf Sci, 2023, 609: 155189.

[10] MA Q, CUI F, ZHANG J, et al. Built-in electric field boosted ionic transport kinetics in the heterostructured $ZnCo_2O_4$/ZnO nanobelts for high-performance supercapacitor [J]. J Colloid Interface Sci, 2023, 629: 649-659.

[11] LI W, XU X, YANG Y, et al. Biomass absorption of nickel salt derived carbon wrapped NiS/Ni_3S_4 nanocomposite as efficient electrode for supercapacitors [J]. J Alloy Compd, 2023, 934: 167838.

[12] HAN X, GE J, LUO J, et al. Construction of vacancies-enriched CuS/Fe_2O_3 with nano-heterojunctions as negative electrode for flexible solid-state supercapacitor [J]. J Alloy Compd, 2022, 916: 165443.

[13] XUE Z, TAO K, HAN L. Stringing metal-organic framework-derived hollow Co_3S_4 nanopolyhedra on V_2O_5 nanowires for high-performance supercapacitors [J]. Appl Surf Sci, 2022, 600: 154076.

[14] TAN S, XUE Z, TAO K, et al. Boosting the energy storage performance of MOF-derived Co_3S_4 nanoarrays via sulfur vacancy and surface engineering [J]. Chem Commun, 2022, 58(42): 6243-6246.

[15] YANG X, LUO Y, LI J, et al. Tuning mixed electronic/ionic conductivity of 2D $CdPS_3$ nanosheets as an anode material by synergistic intercalation and vacancy engineering [J]. Adv Funct Mater, 2022, 32(18):

2112169.

[16] ZHAI S, ABRAHAM A M, CHEN B, et al. Abundant Canadian pine with polysulfide redox mediating ZnS/CuS nanocomposite to attain high-capacity lithium sulfur battery [J]. Carbon, 2022, 195: 253-262.

[17] KANG C, MA L, CHEN Y, et al. Metal-organic framework derived hollow rod-like NiCoMn ternary metal sulfide for high-performance asymmetric supercapacitors [J]. Chem Eng J, 2022, 427: 131003.

[18] ZHAO X, BI Q, YANG C, et al. Design of trimetallic sulfide hollow nanocages from metal-organic frameworks as electrode materials for supercapacitors [J]. Dalton Trans, 2021, 50(42): 15260-15266.

[19] YANG W D, ZHAO R D, XIANG J, et al. 3D hierarchical $ZnCo_2S_4$@Ni(OH)$_2$ nanowire arrays with excellent flexible energy storage and electrocatalytic performance [J]. J Colloid Interface Sci, 2022, 626: 866-878.

[20] UPADHYAY K K, BUNDALESKA N, ABRASHEV M, et al. Free-standing graphene-carbon as negative and FeCoS as positive electrode for asymmetric supercapacitor [J]. J Energy Storage, 2022, 50: 104637.

[21] ZHANG Y, CAI W, GUO Y, et al. Self-supported Co-Ni-S@CoNi-LDH electrode with a nanosheet-assembled core-shell structure for a high-performance supercapacitor [J]. J Alloy Compd, 2022, 908: 164635.

[22] CHEN L, WAN J, FAN L, et al. Construction of $CoNi_2S_4$ hollow cube structures for excellent performance asymmetric supercapacitors [J]. Appl Surf Sci, 2021, 570: 151174.

[23] HO S F, TUAN H Y. Cu_3PS_4: a sulfur-rich metal phosphosulfide with superior ionic diffusion channel for high-performance potassium ion batteries/hybrid capacitors [J]. Chem Eng J, 2023, 452: 139199.

[24] HUANG Y, LUO C, ZHANG Q, et al. Rational design of three-dimensional branched NiCo-P@CoNiMo-P core/shell nanowire heterostructures for high-performance hybrid supercapacitor [J]. J Energy Chem, 2021, 61: 489-496.

[25] JIANG S, PANG M, LIU R, et al. Enhancement of the capacitance of rich-mixed-valence Co-Ni bimetal phosphide by oxygen doping for advanced hybrid supercapacitors [J]. J Alloy Compd, 2022, 895: 162451.

[26] SUN P, QIU M, HUANG J, et al. Scalable three-dimensional Ni_3P-based composite networks for flexible asymmertric supercapacitors [J]. Chem Eng J, 2020, 380: 122621.

[27] ANURATHA K S, SU Y Z, WANG P J, et al. Free-standing 3D core-shell architecture of Ni_3S_2@NiCoP as an efficient cathode material for hybrid supercapacitors [J]. J Colloid Interface Sci, 2022, 625: 565-575.

[28] CHEN X, ZHUANG Y. Sacrificial template synthesis of hollow-structured NiCoP microcubes as novel electrode materials for asymmetric supercapacitors [J]. Dalton Trans, 2022, 51(41): 16017-16026.

[29] ZHANG H, GUO H, ZHANG J, et al. NiCo-MOF directed NiCoP and coconut shell derived porous carbon as high-performance supercapacitor electrodes [J]. J Energy Storage, 2022, 54: 105356.

[30] WANG X, LI W, XU Y, et al. NiCoP/C composite with hollow sphere as electrodes for high performance supercapacitors [J]. Electrochim Acta, 2022, 434: 141313.

[31] GAN Q, WU Z, LI X, et al. Structure and Electrocatalytic Reactivity of Cobalt Phosphosulfide Nanomaterials [J]. Top Catal, 2018, 61: 958-964.

[32] LEI X, GE S, TAN Y, et al. Bimetallic phosphosulfide Zn-Ni-P-S nanosheets as binder-free electrodes for aqueous asymmetric supercapacitors with impressive performance [J]. J Mater Chem A, 2019, 7(43):

24908-24918.

[33] DONG Y, YUE X, LIU Y, et al. Hierarchical core-shell-structured bimetallic nickel-cobalt phosphide nanoarrays coated with nickel sulfide for high-performance hybrid supercapacitors [J]. J Colloid Interface Sci, 2022, 628: 222-232.

[34] XIAO T, YAO Y, JIANG T, et al. A novel Fe-Co-S/P electrode for aqueous symmetric supercapacitors [J]. J Alloy Compd, 2022, 924: 166648.

[35] LEI X, GE S, YANG T Y, et al. Ni-Mo-S@Ni-P composite materials as binder-free electrodes for aqueous asymmetric supercapacitors with enhanced performance [J]. J Power Sources, 2020, 477: 229022.

[36] ZHANG Y, SUN L, ZHANG L, et al. Highly porous oxygen-doped NiCoP immobilized in reduced graphene oxide for supercapacitive energy storage [J]. Compos Part B: Eng, 2020, 182: 107611.

[37] CAO W, CHEN N, ZHAO W, et al. Amorphous P-NiCoS@C nanoparticles derived from P-doped NiCo-MOF as electrode materials for high-performance hybrid supercapacitors [J]. Electrochim Acta, 2022, 430: 141049.

[38] LU Z, ZHANG Y, SUN M, et al. N-doped carbon dots regulate porous hollow nickel-cobalt sulfide: High-performance electrode materials in supercapacitor and enzymeless glucose sensor [J]. J Power Sources, 2021, 516: 230685.

[39] LONG C, ZHENG M, XIAO Y, et al. Amorphous Ni-Co binary oxide with hierarchical porous structure for electrochemical capacitors [J]. ACS Appl Mater Interfaces, 2015, 7(44): 24419-24429.

[40] ZHAO Y, XUE J, CHANG J, et al. Amorphous phase induced high phosphorous-doping in dandelion-like cobalt sulfides for enhanced battery-supercapacitor hybrid device [J]. J Electroanal Chem, 2021, 889: 115231.

[41] YADAV S, GHRERA A S, DEVI A, et al. Crystalline flower-like nickel cobaltite nanosheets coated with amorphous titanium nitride layer as binder-free electrodes for supercapacitor application [J]. Electrochim Acta, 2023, 437: 141526.

[42] ZHAO L, JIANG C, CHAO J, et al. Rational design of nickel oxide/cobalt hydroxide heterostructure with configuration towards high-performance electrochromic-supercapacitor [J]. Appl Surf Sci, 2023, 609: 155279.

[43] ZHAO X, MA Q, TAO K, et al. ZIF-derived porous $CoNi_2S_4$ on intercrosslinked polypyrrole tubes for high-performance asymmetric supercapacitors [J]. ACS Appl Energy Mater, 2021, 4(4): 4199-4207.

[44] XUE J, ZHOU R, CHANG J, et al. Site-selective transformation for preparing tripod-like NiCo-sulfides@carbon boosts enhanced areal capacity and cycling reliability [J]. ACS Appl Mater Interfaces, 2021, 13(21): 25316-25324.

[45] DAI H, ZHAO Y, ZHANG Z, et al. Ostwald ripening and sulfur escaping enabled chrysanthemum-like architectures composed of NiS_2/NiS@C heterostructured petals with enhanced charge storage capacity and rate capability [J]. J Electroanal Chem, 2022, 921: 116671.

[46] LIU M, SUN Z, ZHANG C, et al. Multi-interfacial engineering of a coil-like NiS-Ni_2P/Ni hybrid to efficiently boost electrocatalytic hydrogen generation in alkaline and neutral electrolyte [J]. J Mater Chem A, 2022, 10(25): 13410-13417.

[47] PING Y, YANG S, HAN J, et al. N-self-doped graphitic carbon aerogels derived from metal-organic frameworks as supercapacitor electrode materials with high-performance [J]. Electrochim Acta, 2021, 380: 138237.

[48] ZHAO Y, DONG H, YU J, et al. Binder-free metal-organic frameworks-derived CoP/Mo-doped NiCoP nanoplates for high-performance quasi-solid-state supercapacitors [J]. Electrochim Acta, 2021, 390: 138840.

[49] SUN W, XU Y, YIN P, et al One-step integration of Co Ni phosphides in N, P co-doped carbons towards highly efficient oxygen electrocatalysis for rechargeable Zn-air battery [J]. Appl Surf Sci, 2021, 554: 149670.

[50] YANG P, ZHANG R, LONG W, et al. Porous-tube arrays with electron-correlated strong synergy of sulfide/phosphide heterostructures for ultrahigh-capacity and stable battery [J]. J Alloy Compd, 2023, 935: 168077.

[51] WAN L, YUAN Y, LIU J, et al. A free-standing Ni-Mn-S@NiCo$_2$S$_4$ core-shell heterostructure on carbon cloth for high-energy flexible supercapacitors [J]. Electrochim Acta, 2021, 368: 137579.

[52] GONG J, WANG Y, WANG J, et al. Hollow nickel-cobalt sulfide nanospheres cathode hybridized with carbon spheres anode for ultrahigh energy density asymmetric supercapacitors [J]. Int J Hydrogen Energy, 2022, 47(17): 10056-10068.

[53] DING X, ZHU J, HU G, et al. Core-shell structured CoNi$_2$S$_4$@polydopamine nanocomposites as advanced electrode materials for supercapacitors [J]. Ionics, 2019, 25: 897-901.

[54] SU S, SUN L, QIAN J, et al. Hollow bimetallic phosphosulfide NiCo-P/S nanoparticles in a CNT/rGO framework with interface charge redistribution for battery-type supercapacitors [J]. ACS Appl Energy Mater, 2021, 5(1): 685-696.

[55] LIN Y, CHEN X, TUO Y, et al. In-situ doping-induced lattice strain of NiCoP/S nanocrystals for robust wide pH hydrogen evolution electrocatalysis and supercapacitor [J]. J Energy Chem, 2022, 70: 27-35.

[56] ZHU Y, ZONG Q, ZHANG Q, et al. Three-dimensional core-shell NiCoP@NiCoP array on carbon cloth for high performance flexible asymmetric supercapacitor [J]. Electrochim Acta, 2019, 299: 441-450.

[57] GU J, SUN L, ZHANG Y, et al. MOF-derived Ni-doped CoP@C grown on CNTs for high-performance supercapacitors [J]. Chem Eng J, 2020, 385: 123454.

[58] MIAO Y, ZHANG X, ZHAN J, et al. Hierarchical NiS@CoS with controllable core-shell structure by two-step strategy for supercapacitor electrodes [J]. Adv Mater Interfaces, 2020, 7(3): 1901618.

[59] GAO J S, LIAN T, LIU Z, et al. 2D@3D MoS$_2$@Ni/Co-S submicroboxes derived from prussian blue analogues for high performance supercapacitors [J]. J Alloy Compd, 2022, 901: 163558.

[60] GOPALAKRISHNAN A, YANG D, INCE J C, et al. Facile one-pot synthesis of hollow NiCoP nanospheres via thermal decomposition technique and its free-standing carbon composite for supercapacitor application [J]. J Energy Storage, 2019, 25: 100893.

[61] SHUAI M, LIN J, WU W, et al. Metallic nickel-cobalt phosphide/multilayer graphene composite for high-performance supercapacitors [J]. New J Chem, 2020, 44(21): 8796-8804.

[62] CHEN Y, WANG L, GAN H, et al. Designing NiS/CoS decorated NiCo$_2$S$_4$ nanoflakes towards high performance binder-free supercapacitors [J]. J Energy Storage, 2022, 47: 103625.

[63] YI M, LU B, ZHANG X, et al. Ionic liquid-assisted synthesis of nickel cobalt phosphide embedded in N, P codoped-carbon with hollow and folded structures for efficient hydrogen evolution reaction and supercapacitor [J]. Appl Catal B-Environ, 2021, 283: 119635.